皮革編織飾帶&
皮繩滾邊

LEATHER
BRAIDING&LACING

三悅文化

皮革編織飾帶&皮繩滾邊

LEATHER BRAIDING&LACING

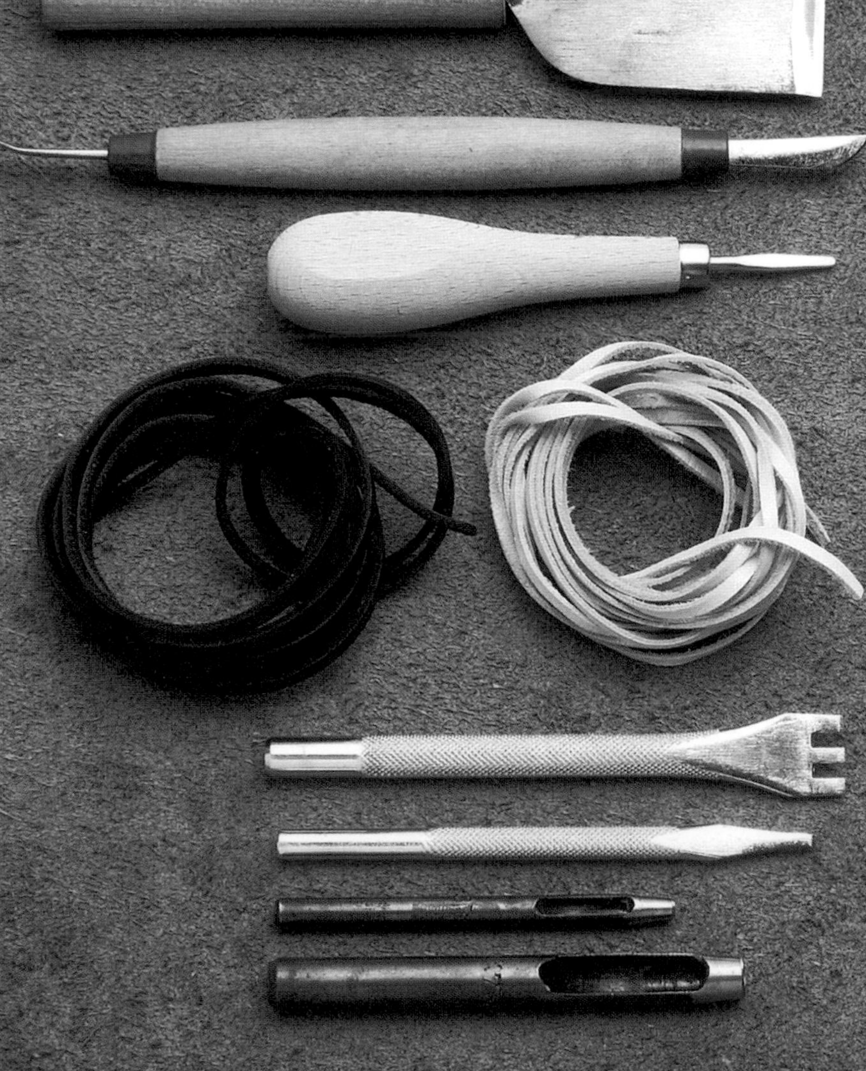

CONTENTS

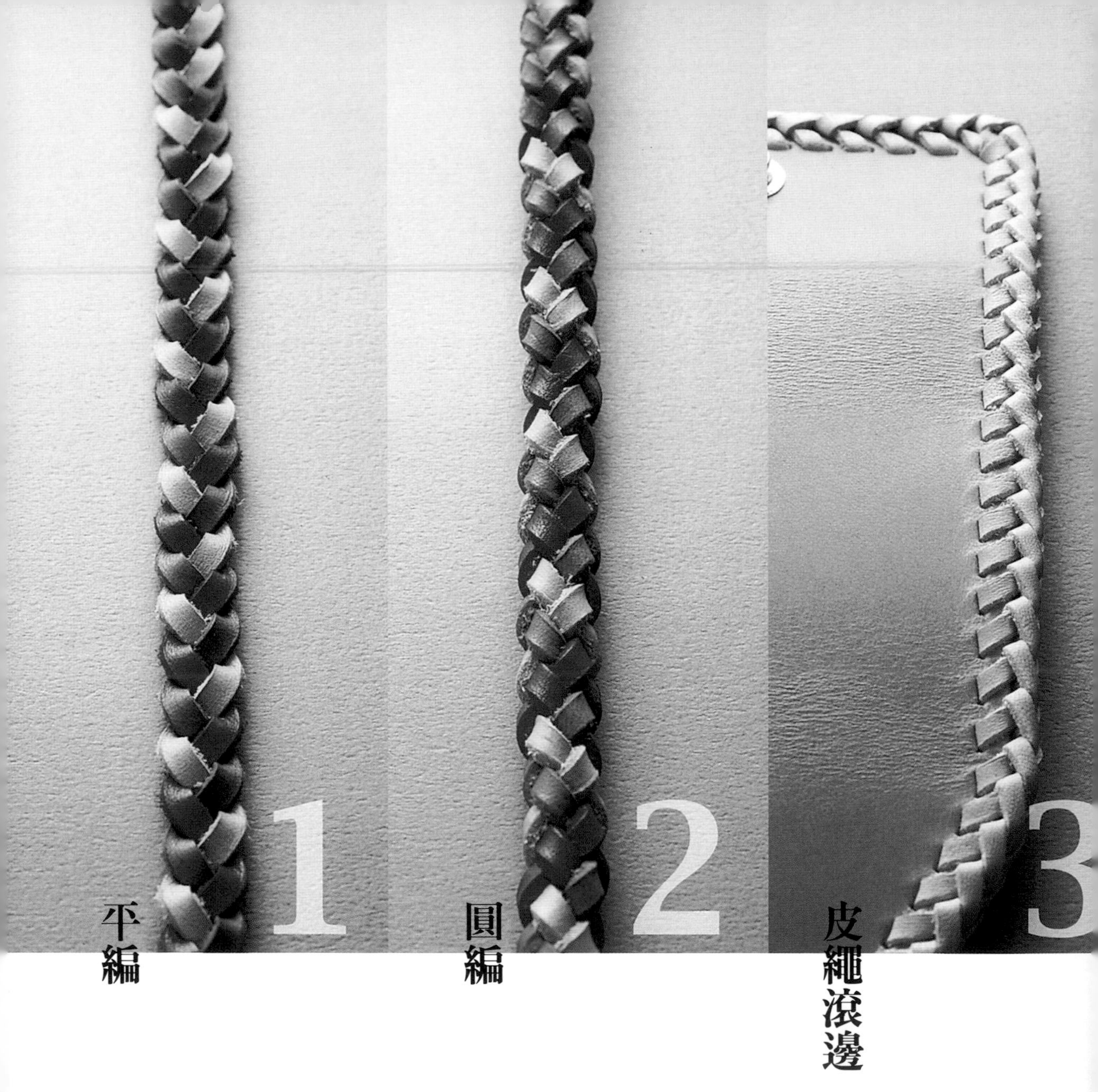

平編

THONG BRAID

P12 ～

最基本的皮革編織法為平編，除三股編外，書中還將介紹四、五、六股平編及三股魔法編等技巧。了解基本作法後即可做更廣泛的應用。

圓編

ROUND BRAID

P22 ～

圓編為製作皮包背帶等最常用的技巧，除基本款四股圓編外，書中還將介紹六、八股圓編，可依使用皮繩寬度編出不同粗細度或氛圍。

皮繩滾邊

LACING

P44 ～

享受皮革工藝樂趣的必要技巧，除單繩、雙繩、三繩滾邊外，書中還將介紹最方便用於連結重疊皮料後形成高低差部位的西班牙式滾邊。

方形結編繩&螺旋紋編繩

SQUARE BRAID & SPIRAL TWIST BRAID

P78 ～

先將皮繩摺成N字型，再依序縱向摺入皮繩後完成。適合應用在製作鑰匙圈或繩類時。

4

編繩拼貼花樣

APPLIQUE

P88 ～

皮塊上等距離打孔後編繩拼貼花樣，利用孔洞距離、皮繩種類或顏色營造獨特風格。

長形孔套編繩

SLIT BRAID

P98 ～

帶狀皮料上切割細長孔，再將皮料端部反覆穿過孔洞，因凹、凸摺差異而營造不同風情。在此用於製作鑰匙圈。

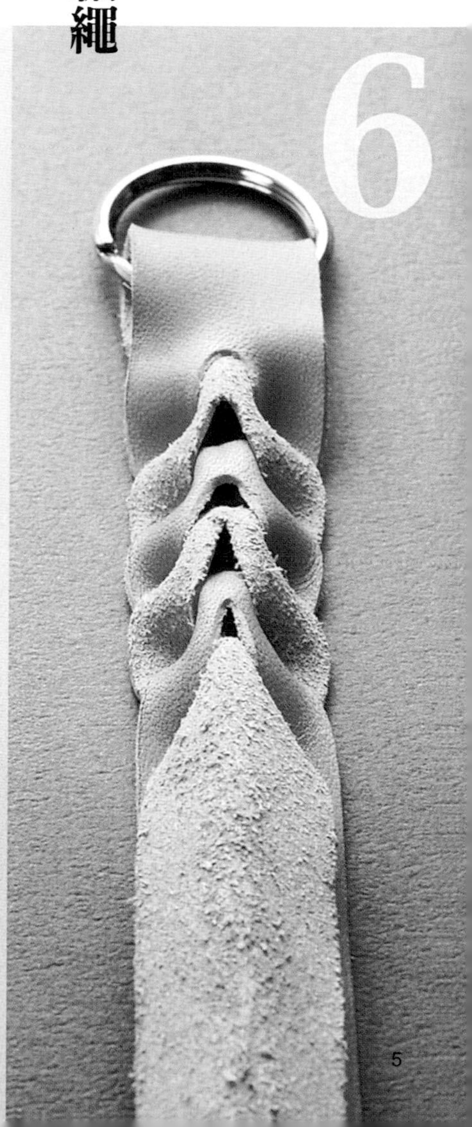

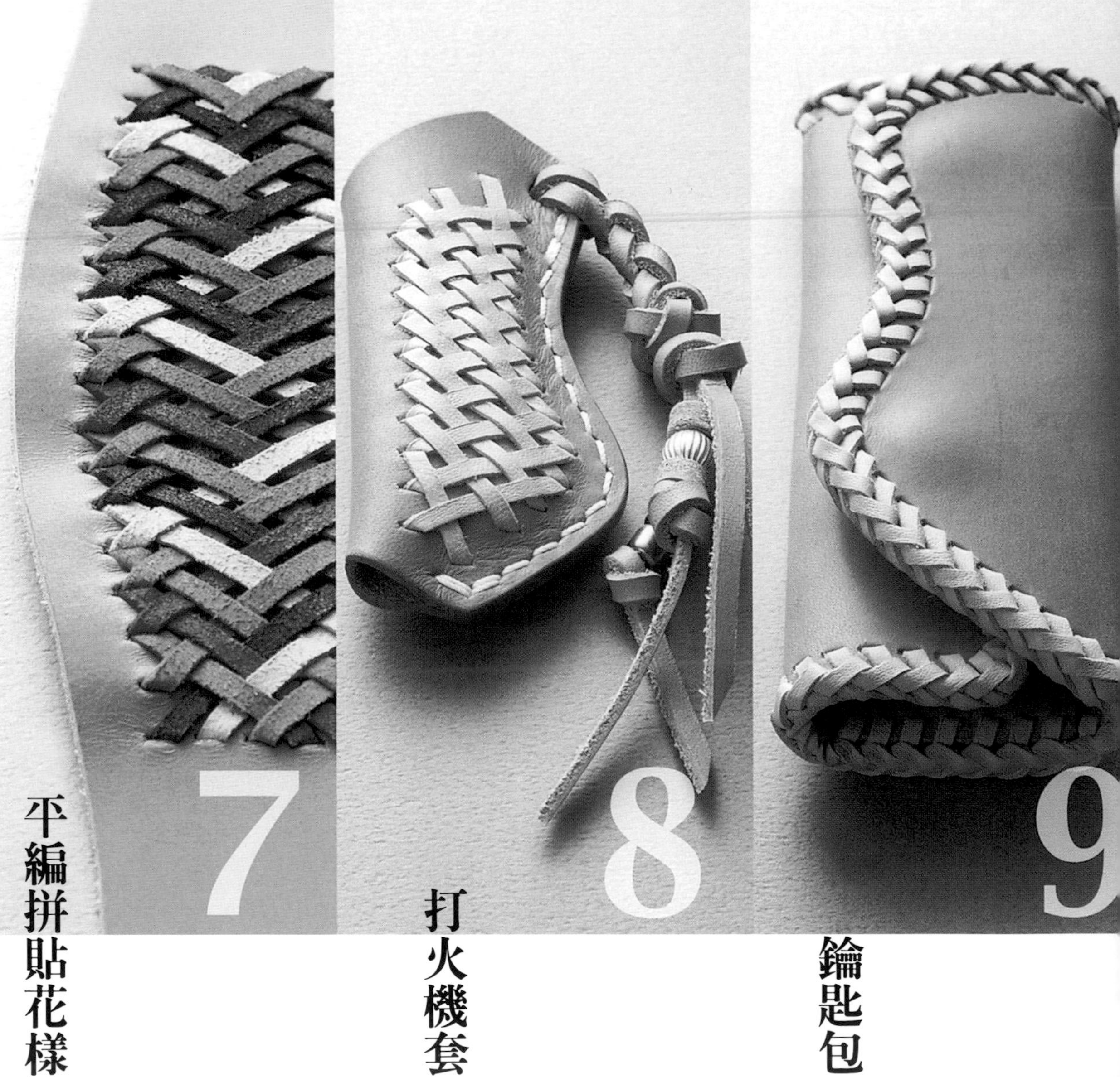

平編拼貼花樣

APPLIQUE OF THONG BRAID

P104～

以平斬打上等距離孔洞後穿繩編上花樣，和P88之後的拼貼做法不同，是以平編技巧編上三條和五條皮繩，儘量降低厚度，裝飾效果絕佳。

打火機套

LIGHTER CASE

P114～

將透過先前介紹的手法，介紹皮件作品作法，第一件作品為打火機套，完成後在本體上以平編技巧穿繩編上三條皮繩，再加上四股圓編的吊繩。

鑰匙包

KEY CASE

P124～

第二件作品為三摺鑰匙包。最基本的設計造型，以兩顆牛仔釦固定住，採三繩滾邊而營造出高級質感。

MATERIALS & TOOLS

材料與基本工具

必須於進行皮革編織、皮繩滾邊前準備的材料和工具。
皮繩種類非常多，建議依個人的喜好來選用。

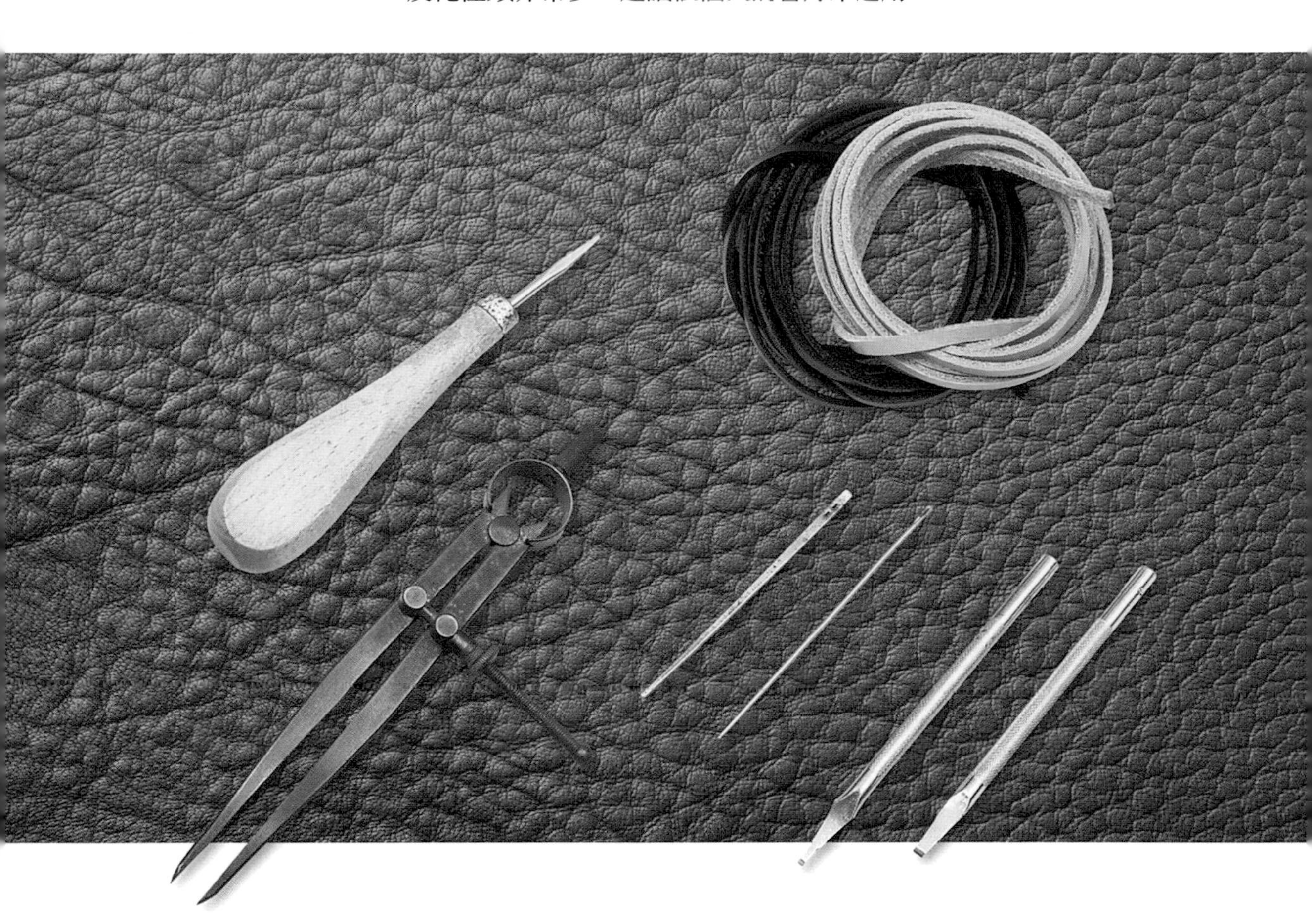

MATERIALS & TOOLS

材料與基本工具

本單元中將依序介紹皮革編織、皮繩滾邊時會使用到的材料和工具類。
介紹的都是必備品，因此，有可能因作品的不同而必須準備到其他工具。

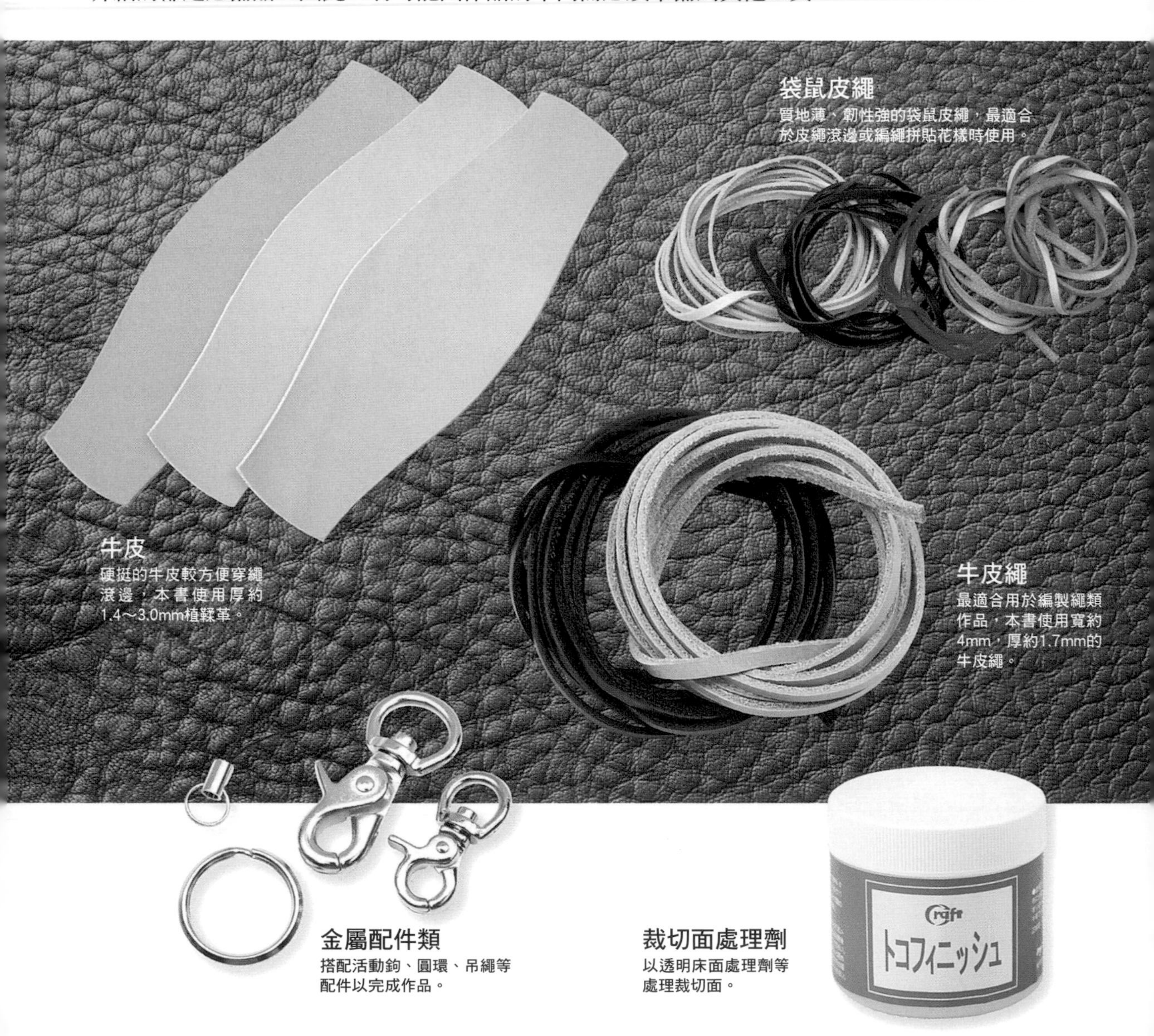

袋鼠皮繩
質地薄、韌性強的袋鼠皮繩，最適合於皮繩滾邊或編繩拼貼花樣時使用。

牛皮
硬挺的牛皮較方便穿繩滾邊，本書使用厚約1.4～3.0mm植鞣革。

牛皮繩
最適合用於編製繩類作品，本書使用寬約4mm，厚約1.7mm的牛皮繩。

金屬配件類
搭配活動鉤、圓環、吊繩等配件以完成作品。

裁切面處理劑
以透明床面處理劑等處理裁切面。

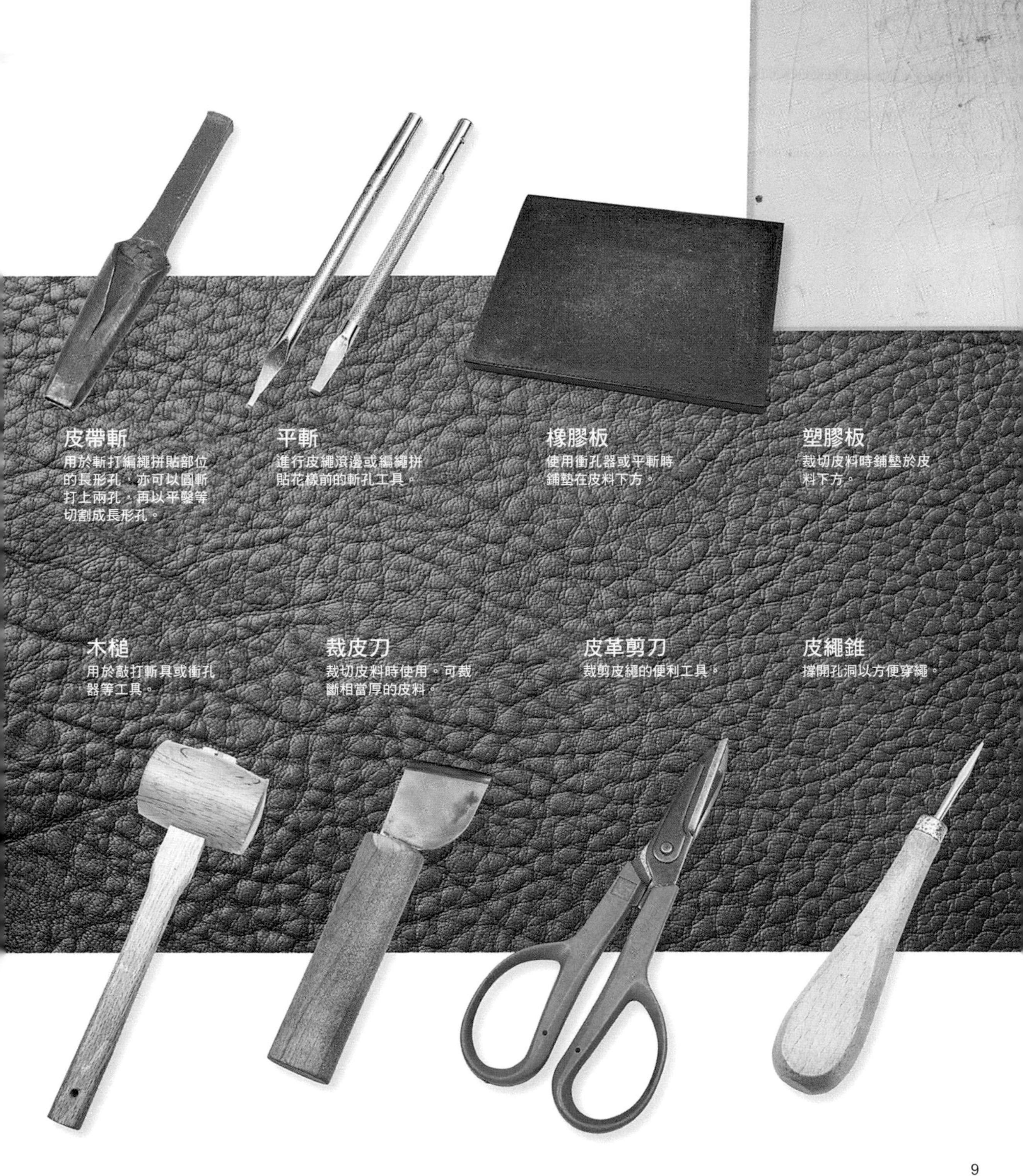
皮帶斬
用於斬打編繩拼貼部位的長形孔，亦可以圓斬打上兩孔，再以平鑿等切割成長形孔。
平斬
進行皮繩滾邊或編繩拼貼花樣前的斬孔工具。
橡膠板
使用衝孔器或平斬時鋪墊在皮料下方。
塑膠板
裁切皮料時鋪墊於皮料下方。
木槌
用於敲打斬具或衝孔器等工具。
裁皮刀
裁切皮料時使用，可裁斷相當厚的皮料。
皮革剪刀
裁剪皮繩的便利工具。
皮繩錐
撐開孔洞以方便穿繩。

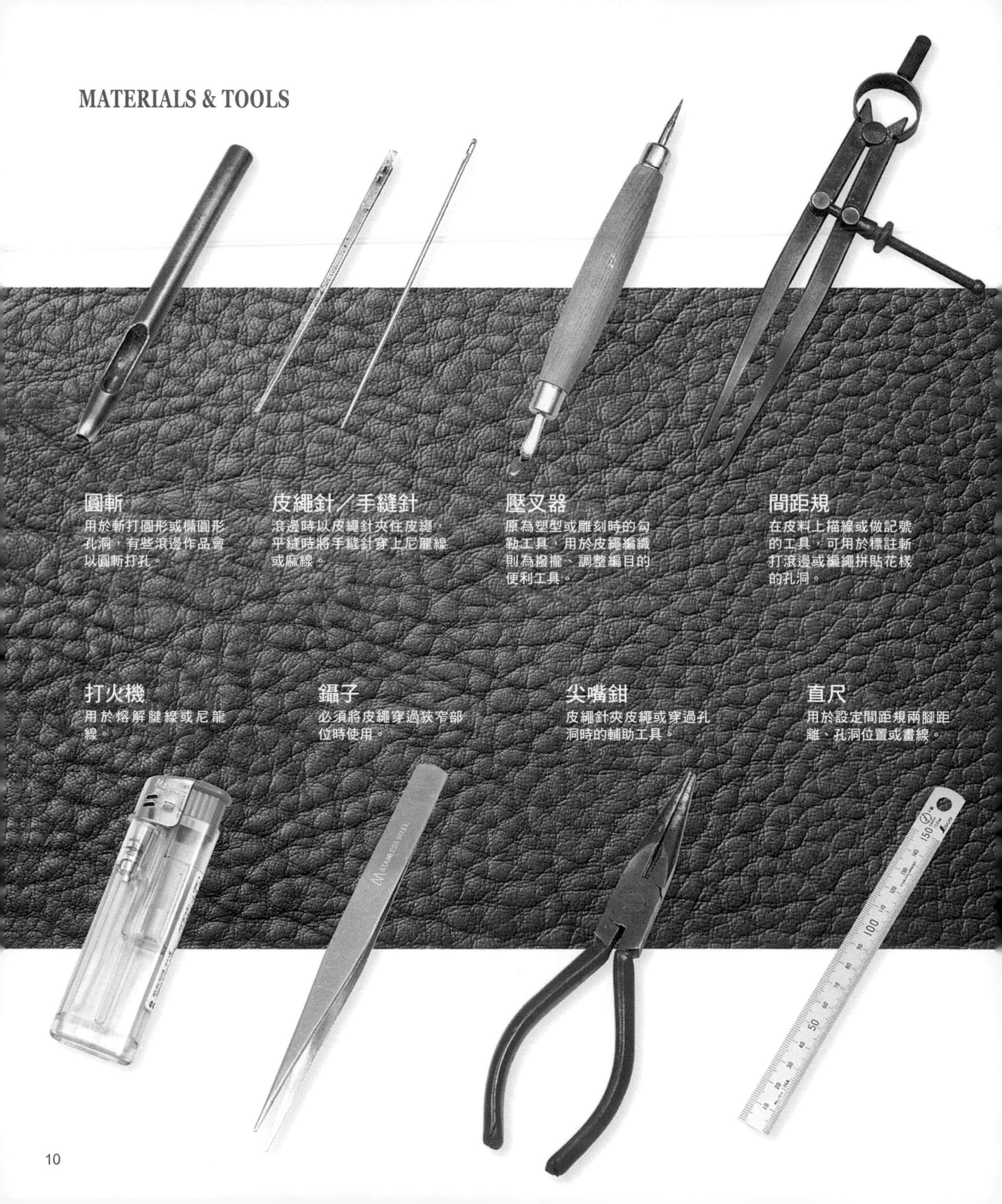

MATERIALS & TOOLS

圓斬
用於斬打圓形或橢圓形孔洞，有些滾邊作品會以圓斬打孔。

皮繩針／手縫針
滾邊時以皮繩針夾住皮繩，平縫時將手縫針穿上尼龍線或麻線。

壓叉器
原為塑型或雕刻時的勾勒工具，用於皮繩編織則為撥攏、調整編目的便利工具。

間距規
在皮料上描線或做記號的工具，可用於標註斬打滾邊或編繩拼貼花樣的孔洞。

打火機
用於熔解腱線或尼龍線。

鑷子
必須將皮繩穿過狹窄部位時使用。

尖嘴鉗
皮繩針夾皮繩或穿過孔洞時的輔助工具。

直尺
用於設定間距規兩腳距離、孔洞位置或畫線。

TECHNIC

實務技巧

本單元起將依序介紹各種皮革編織或皮繩滾邊技巧。請讀者盡情自由組合或發揮創意巧思，動手製作風格獨特的皮件作品吧！

請注意 CAUTION

■ 本書是以期待讀者可以熟悉皮革編織的知識、作業與技術所編輯而成，但作業的成功與否還須仰賴作業者個人的技術及專注程度而定。另外，請讀者在操作工具時務必謹慎小心，以免意外受傷或造成工具的損壞。

■ 本書刊載之照片及產品內容可能與實物有所出入。

■ 書內刊載之紙型或圖案均為原創設計，僅限於個人使用。

THONG BRAID

平編

平編是最簡單、最基本的編繩手法，種類如五股平編、
六股平編或魔法編等，可廣泛用於製作飾品或腰帶等作品。

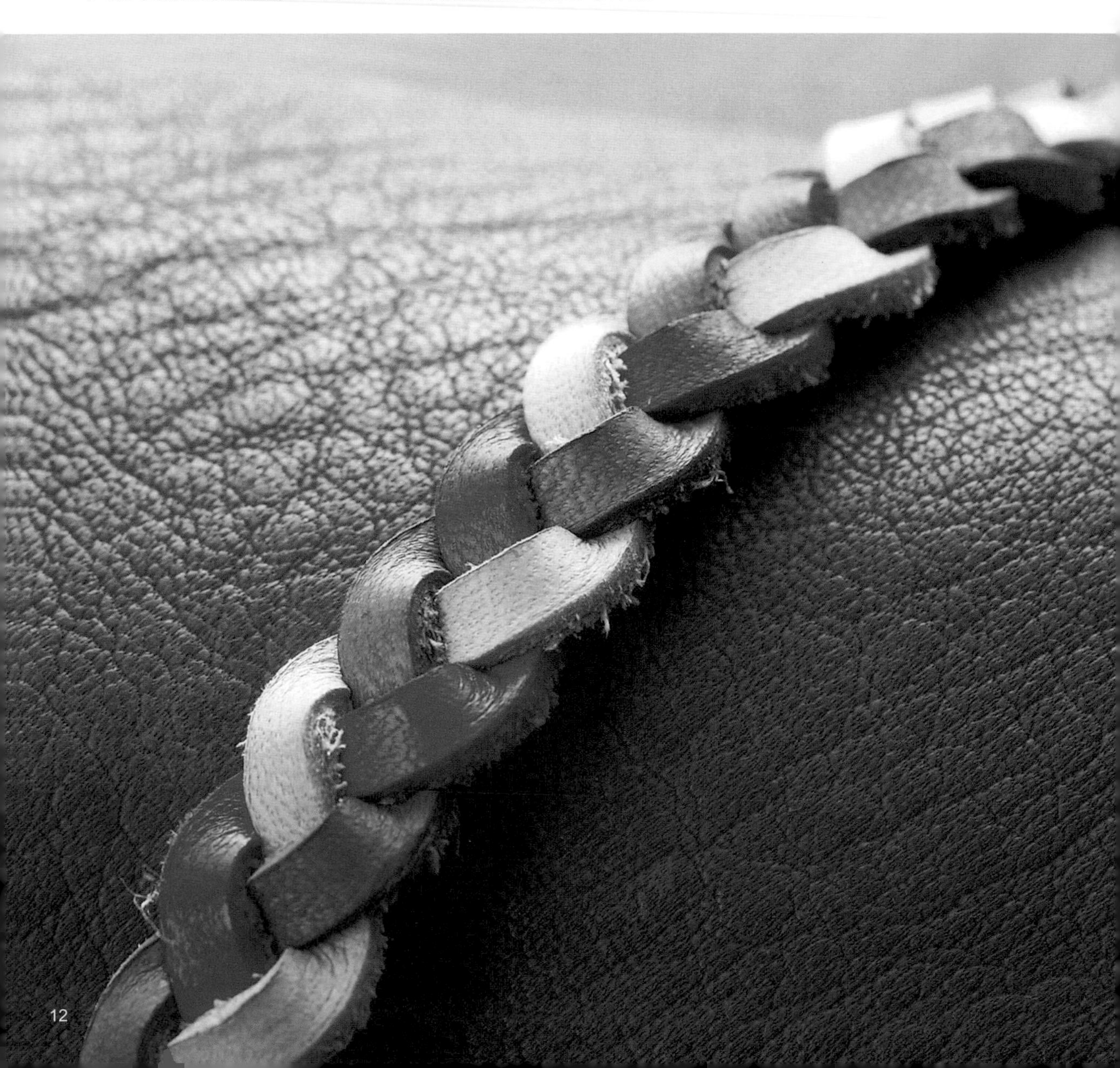

三股編

THREE THONGS HAIR BRAID

三股編是最常見的髮編方式，同時也是作法最簡單、最基本的編繩手法。
本單元中將透過皮項鍊編製過程，逐一介紹三股編作法。

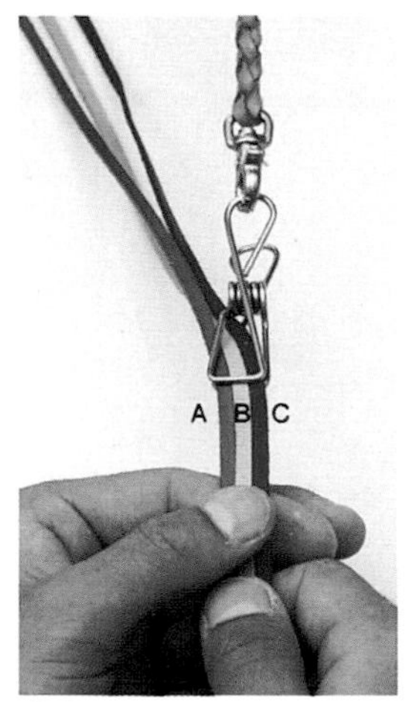

01 皮繩A、B、C整齊排列後用夾子等固定住。

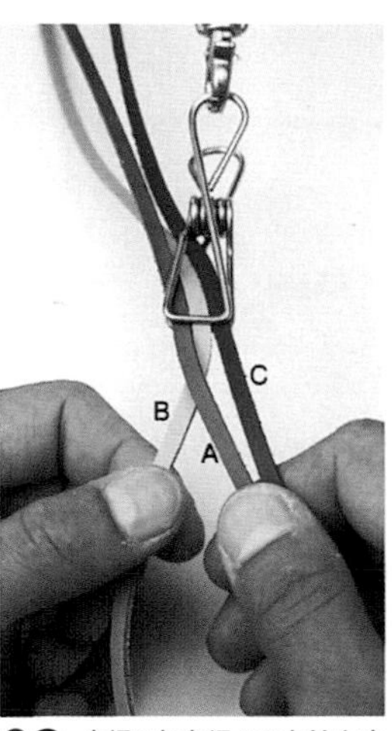

02 皮繩B由皮繩A下方拉向左側。

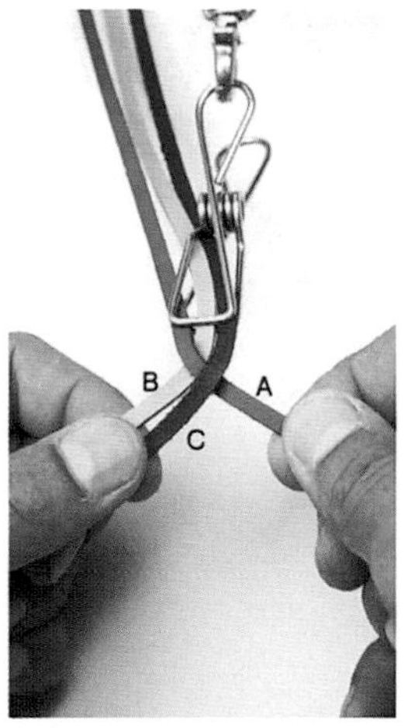

03 皮繩C由皮繩A上方拉向左側。

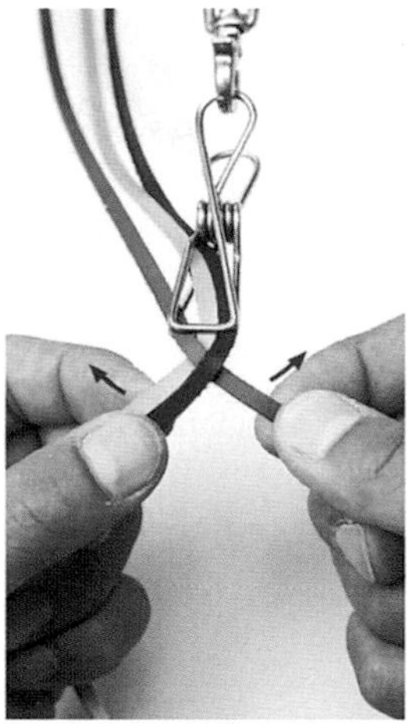

04 左右手拉緊皮繩，將編目拉得更緊實。

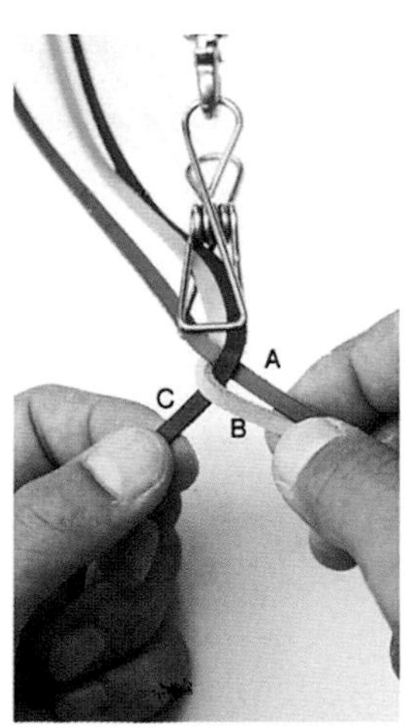

05 皮繩B由皮繩C上方拉向右側。

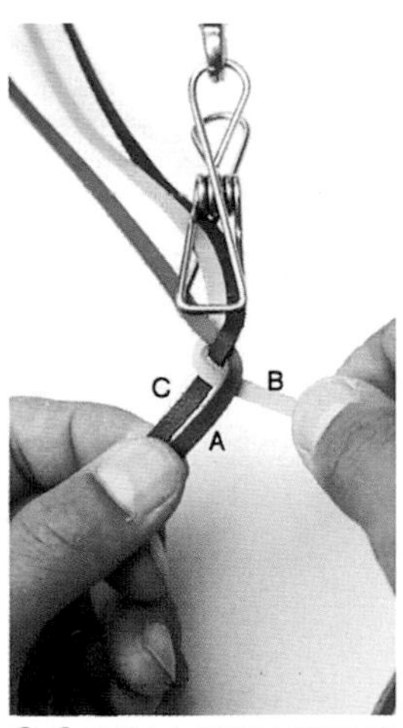

06 皮繩A由皮繩B上方拉向左側。

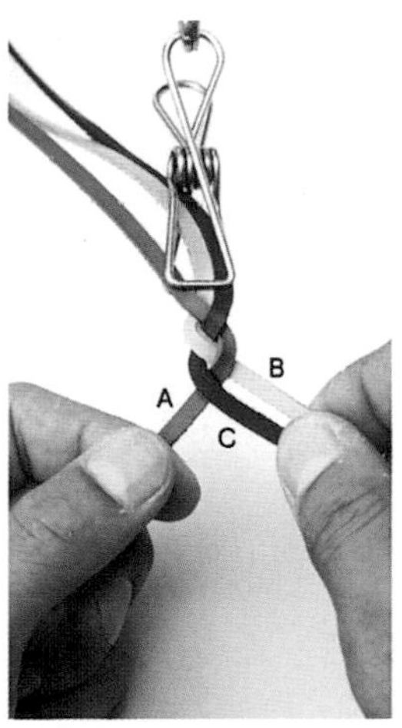

07 皮繩C由皮繩A上方拉向右側。

08 將最右邊的皮繩拉到中間。接著反覆以上步驟。

09 接著以腱線固定3條皮繩。將腱線穿上手縫針。

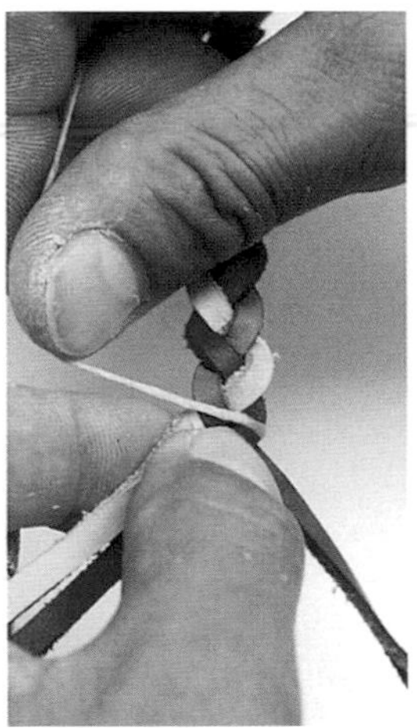

10 將腱線纏在三股編終點部位。

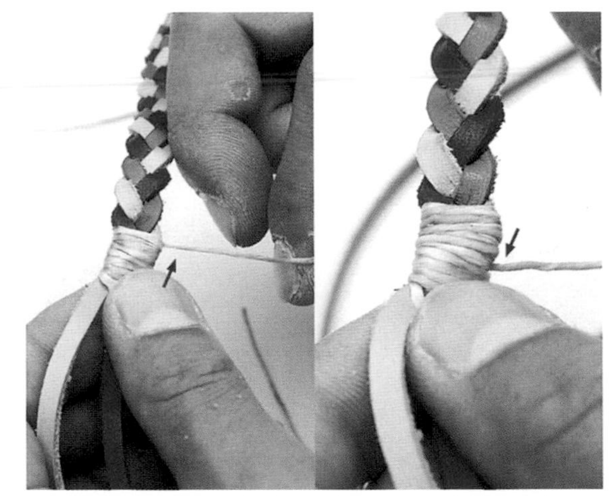

11 由下往上纏上腱線，纏繞10～15mm後，由上往下重疊纏繞。

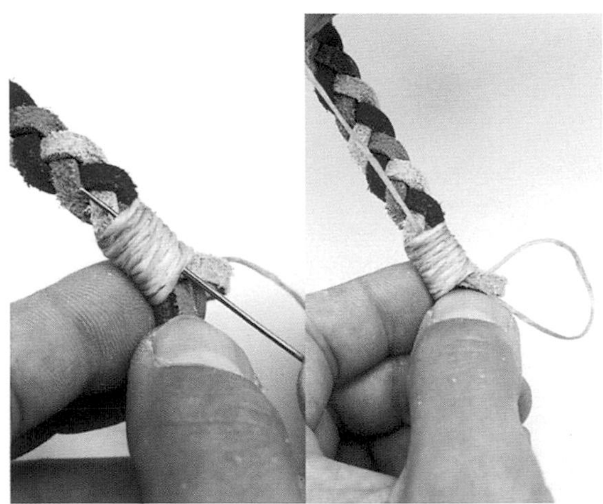

12 步驟 11 纏繞至下方後，將針穿過腱線和皮繩之間，再拉緊腱線。

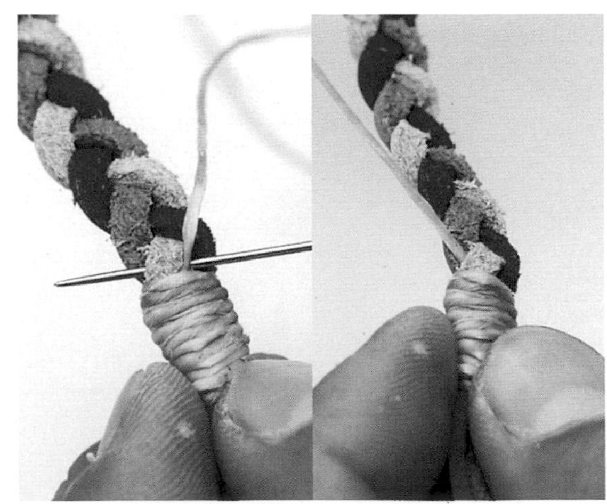

13 將針穿過皮繩中心。

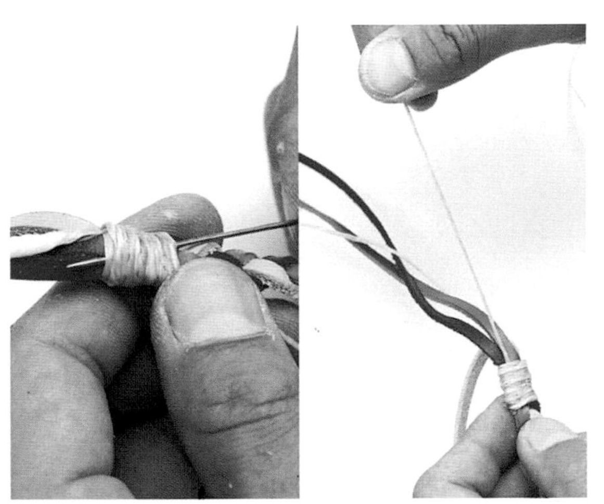

14 手縫針由上往下穿過腱線和皮繩之間。

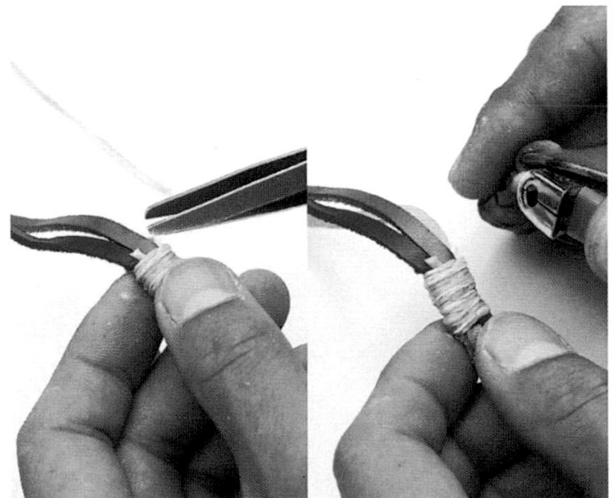

15 剪掉多餘的腱線，再以打火機燒燙熔解線頭。

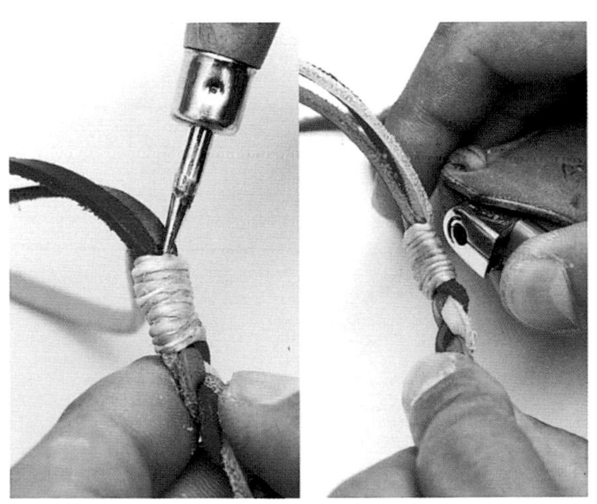

16 熔解線頭後經壓叉器按壓以藏起腱線頭。打火機微微地烘烤纏繞腱線部位好讓腱線纏得更緊實。

17 這裡是製作皮項鍊，因此將其中一端形成環狀後固定住。將皮繩穿過編目後固定住。

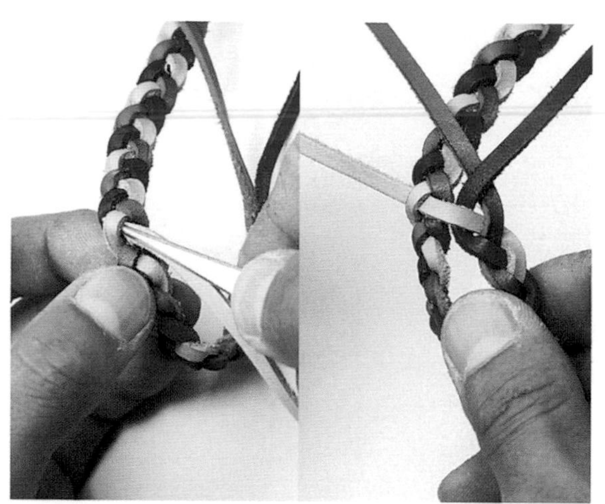

18 鑷子夾住端部，將皮繩穿過編目之間。

19 配合皮繩朝向，將皮繩穿過編目之間。兩條穿向相同方向，另一條穿向相反方向。

20 將最後一條皮繩穿過編目之間，配合皮繩朝向穿過編目，編出既美觀又緊實的皮繩。

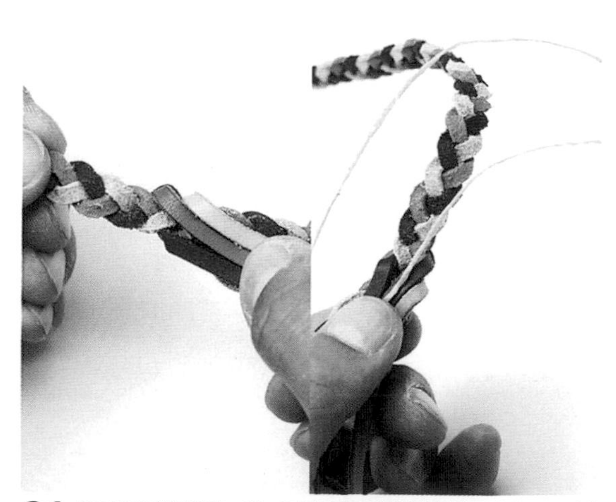

21 將三條皮繩彙整在一起，再以穿好手縫針的腱線固定住。用手捏住平行擺放的腱線和皮繩。

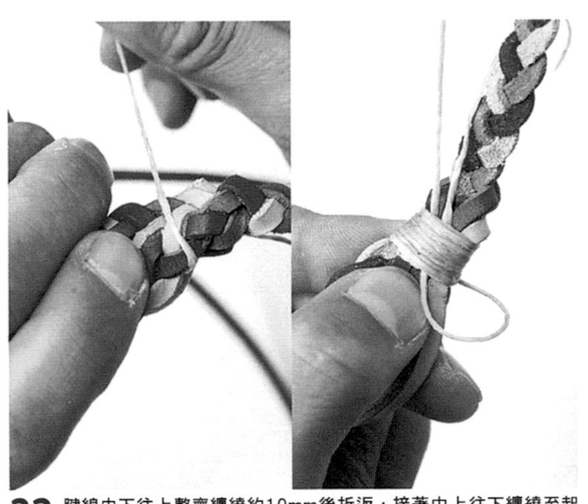

22 腱線由下往上整齊纏繞約10mm後折返，接著由上往下纏繞至起點後，將針穿過皮繩和腱線之間。

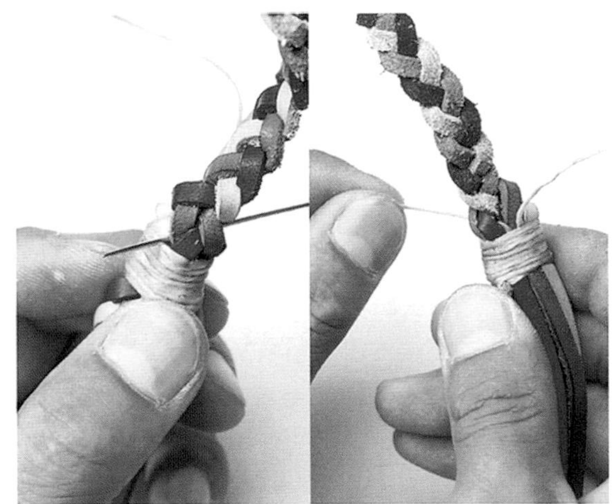

23 針由上方穿出。將針穿過編目中心。

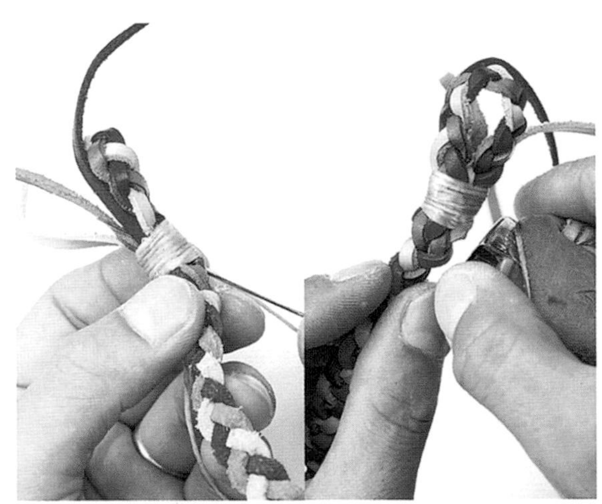

24 針由上往下穿過皮繩和腱線之間，剪斷後以打火機燒燙固定住。

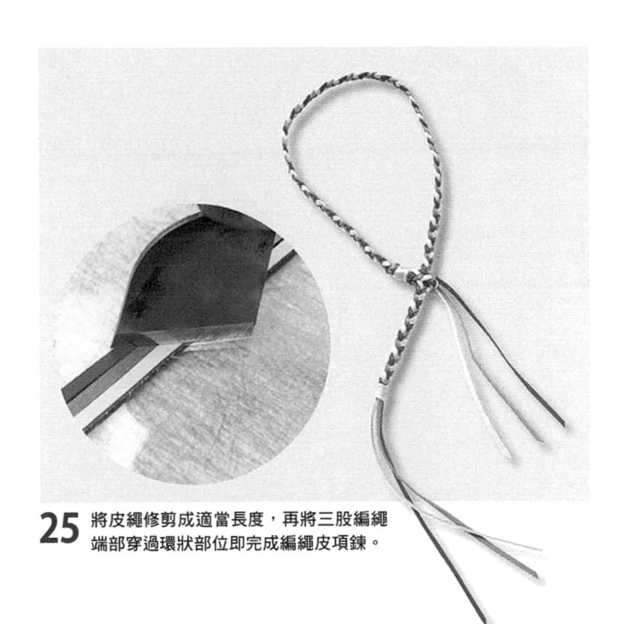

25 將皮繩修剪成適當長度，再將三股編繩端部穿過環狀部位即完成編繩皮項鍊。

四股平編

FOUR THONGS BRAID

以4條皮繩編製作品時較常採用圓編方式，
不過，利用平編技巧完成手環等飾品，更能製作出風格獨特的作品。

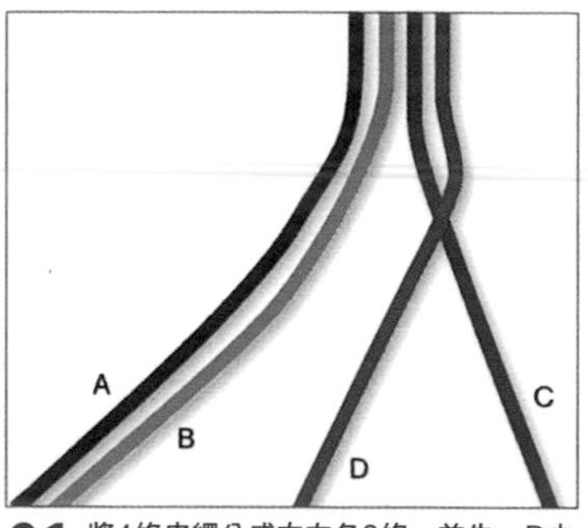

01 將4條皮繩分成左右各2條。首先，D由C上方交叉而過。

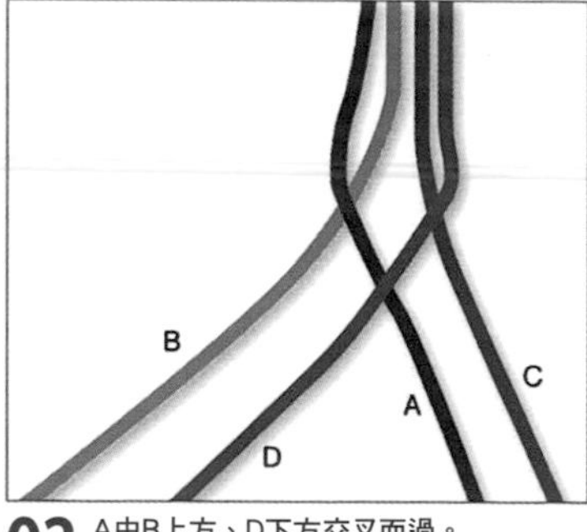

02 A由B上方、D下方交叉而過。

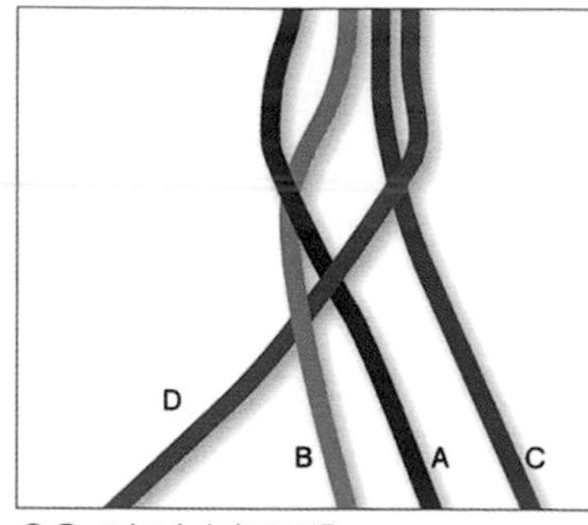

03 B由D上方交叉而過。

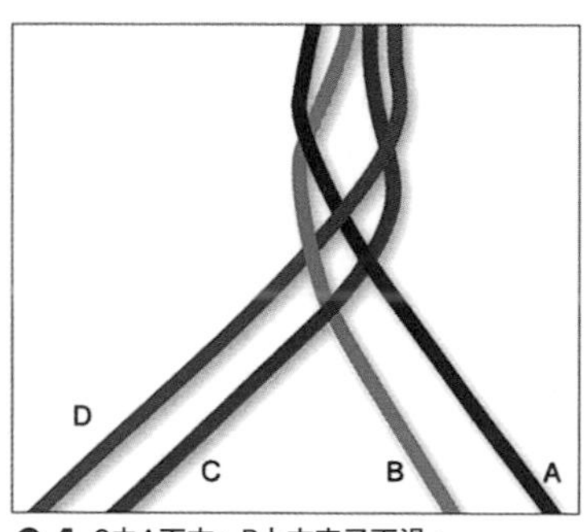

04 C由A下方、B上方交叉而過。

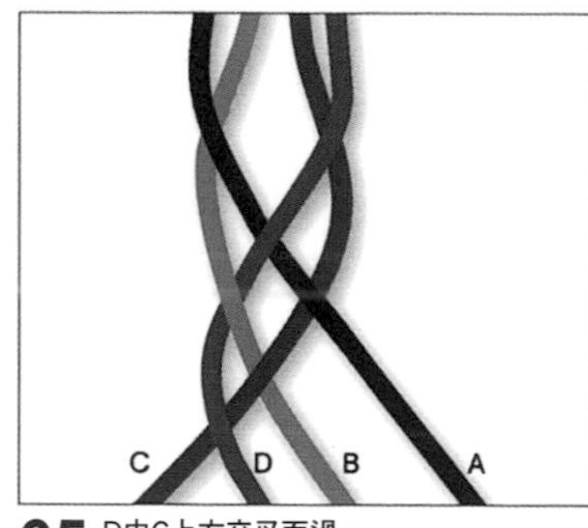

05 D由C上方交叉而過。

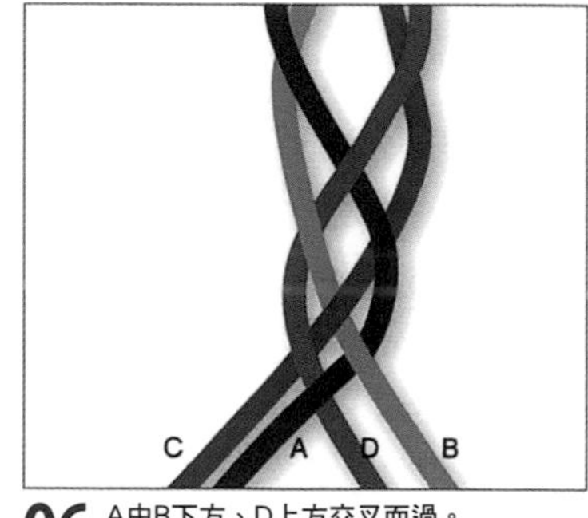

06 A由B下方、D上方交叉而過。

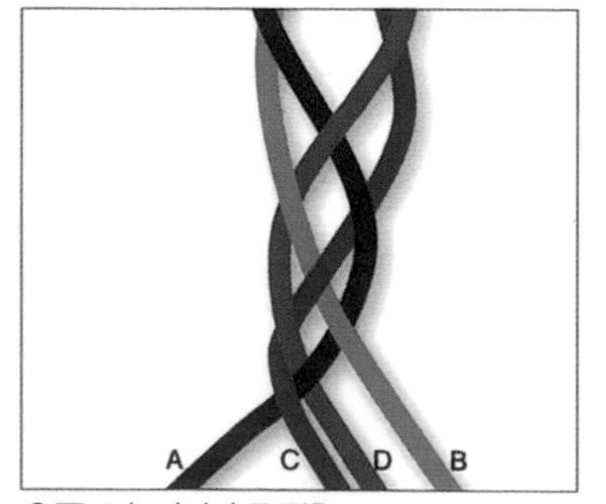

07 C由A上方交叉而過。

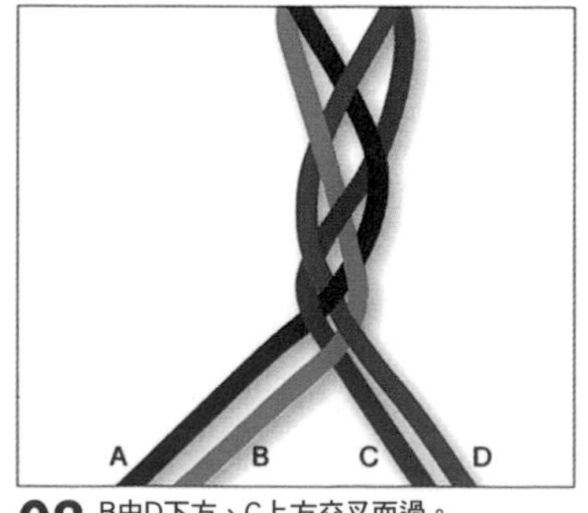

08 B由D下方、C上方交叉而過。

09 A由B上方交叉而過後，反覆步驟 **05～08** 以完成後續作業。

五股平編

FIVE THONGS BRAID

介紹以五條皮繩編製的五股平編技巧，只比四股平編多用1條皮繩，
卻可以成功地編出份量感和營造出迥然不同的氛圍。

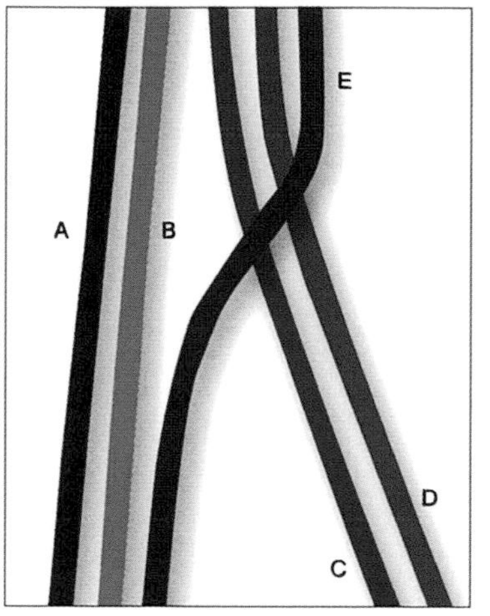

01 並排5條皮繩後，E由C和D上方交叉而過。

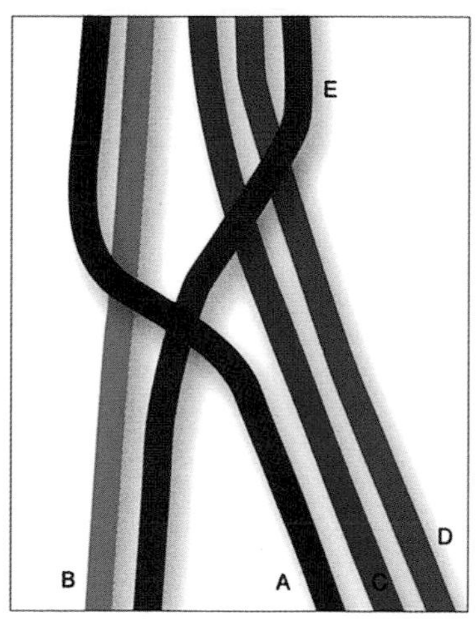

02 A由B和E上方交叉而過，編成左2條，右3條狀態。

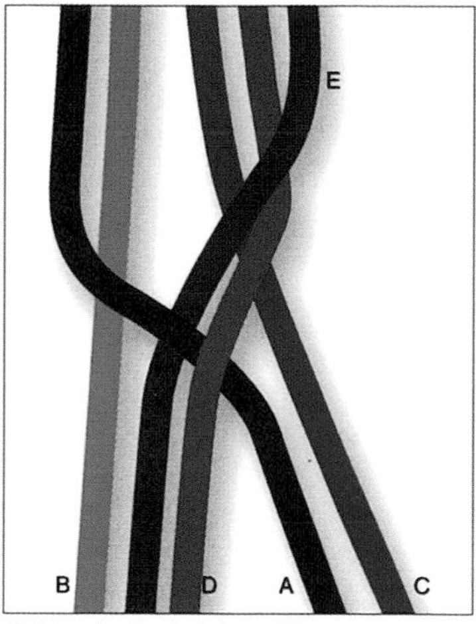

03 D由A和C上方交叉而過。

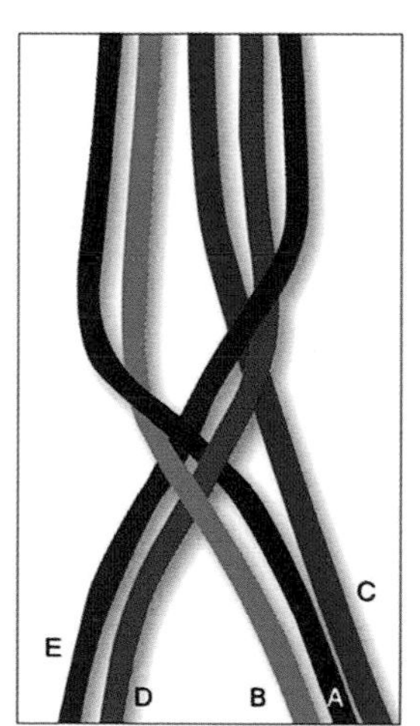

04 B由D和E上方交叉而過。

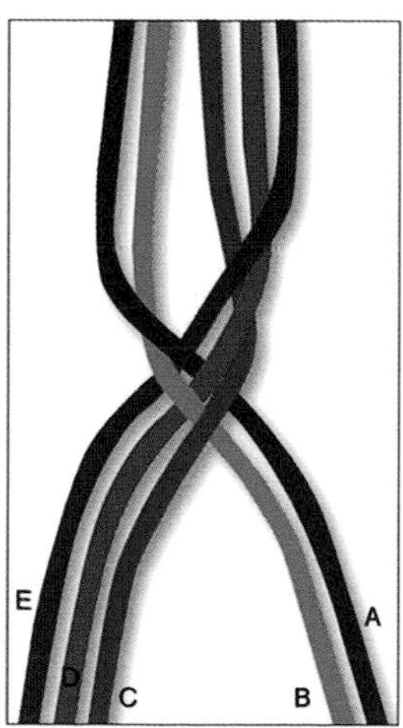

05 C由A和B上方交叉而過。

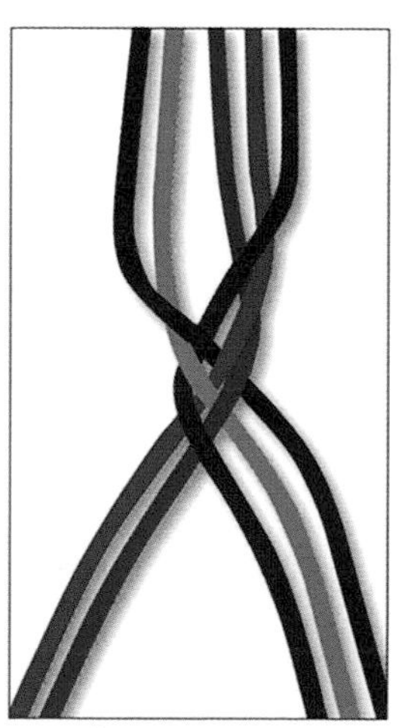

06 左側最外邊的皮繩經由同側皮繩上方拉向右側皮繩的最裡側。

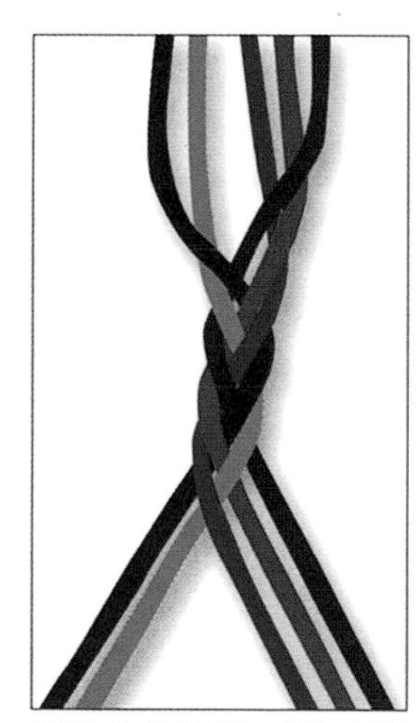

07 反覆步驟 03～06，直到編好須要的長度。

六股平編

SIX THONGS BRAID

所使用皮繩多達六條，讓人看得眼花撩亂，不過別擔心，按照順序慢慢編的話，其實一點也不困難。
改變一下皮繩粗細度即可大大地改變作品氛圍。

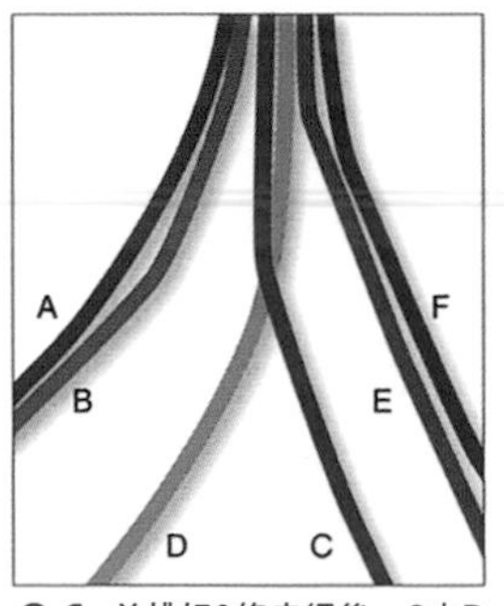

01 並排好6條皮繩後，C由D上方交叉而過。

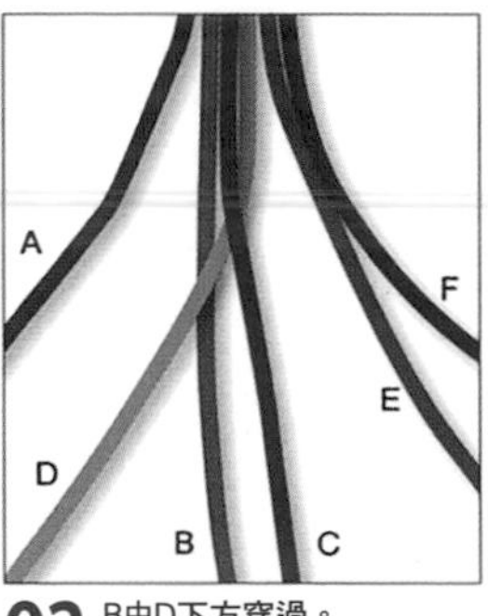

02 B由D下方穿過。

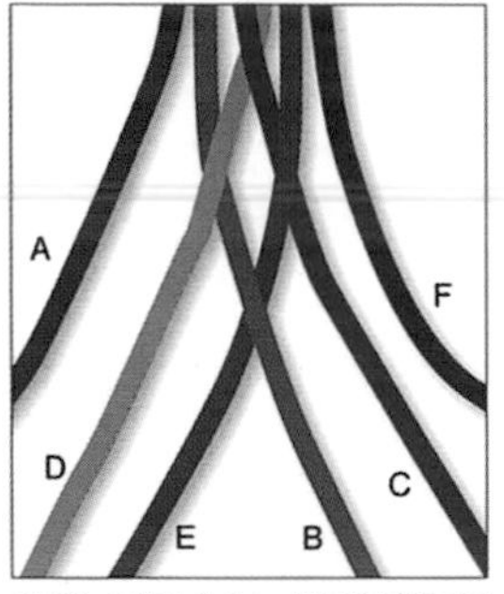

03 E由C上方、B下方交叉而過。

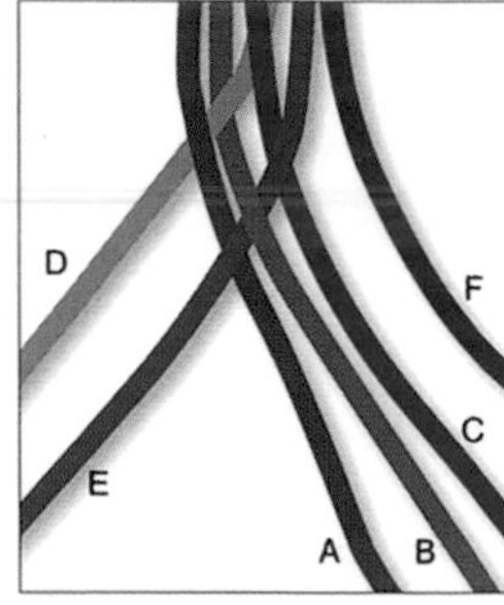

04 A由D上方、E下方交叉而過。

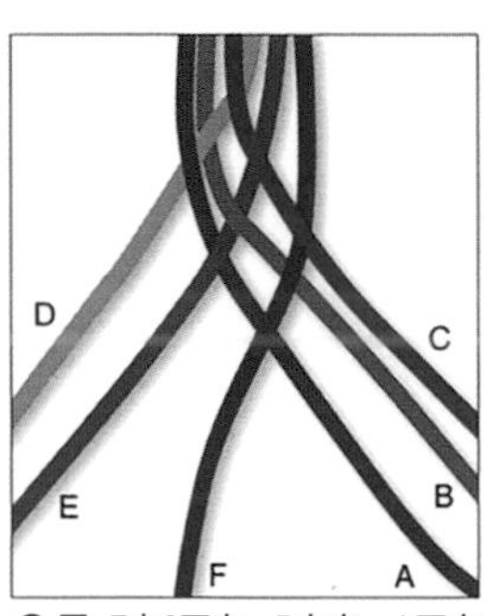

05 F由C下方、B上方、A下方交叉而過。

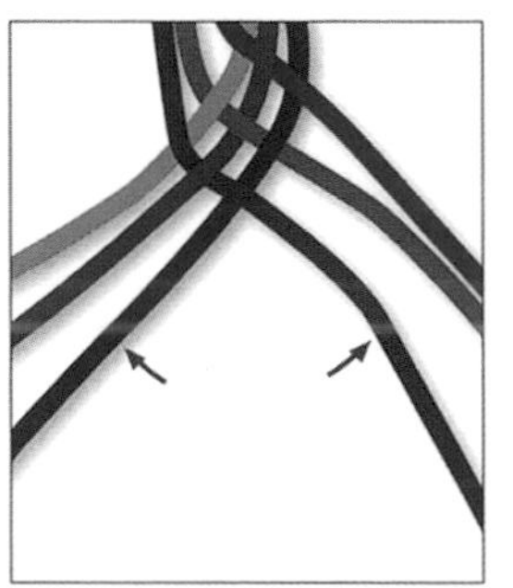

06 左右各三條，邊往箭頭方向拉皮繩，邊往上調編目以便編得更緊實。

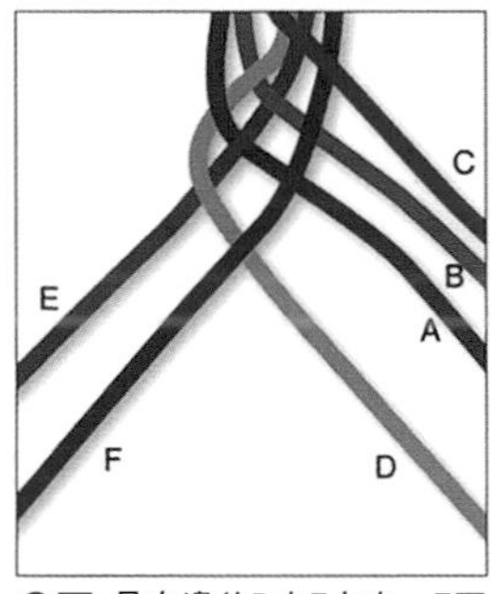

07 最左邊的D由E上方、F下方交叉而過。

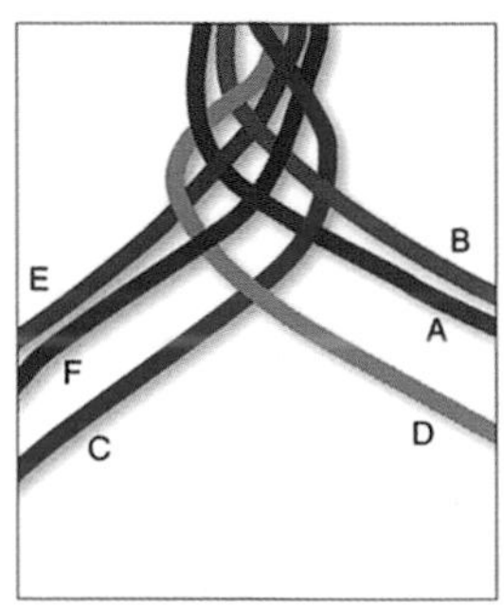

08 最右邊的C由B下方、A上方、D下方交叉而過。

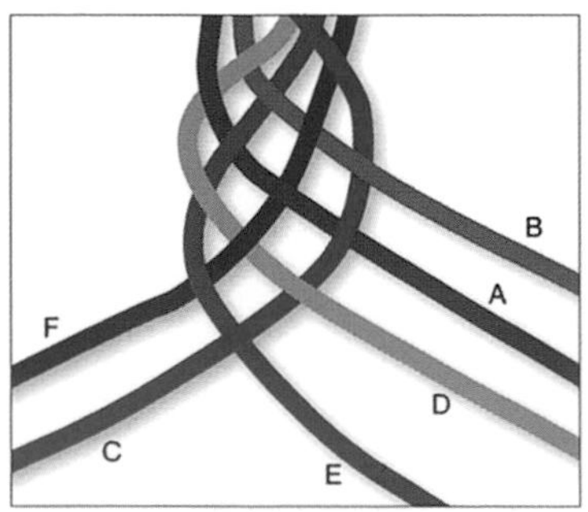

09 最左邊的E由F上方、C下方交叉而過。

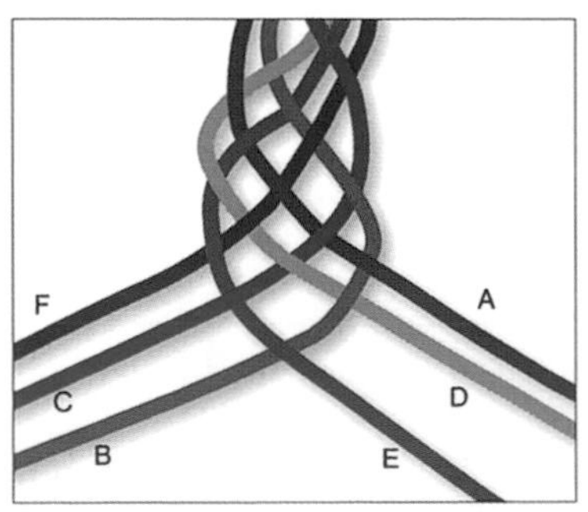

10 最右邊的B由A下方、D上方、E下方交叉而過。

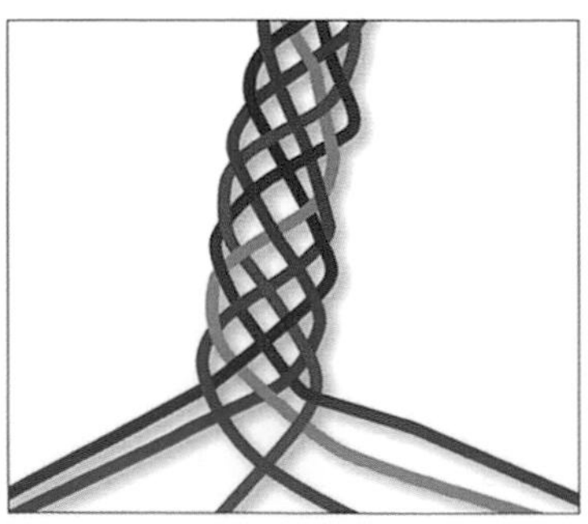

11 左右交互進行，由最靠邊的皮繩開始編起（如**09**～**10**）。

魔法編
TRICK BRAID

別名為MAGIC編等，有好幾種稱呼方式的編繩法。
皮料端部不切開依然可完成三股編作品。製作皮帶等作品時最常採用此編法。

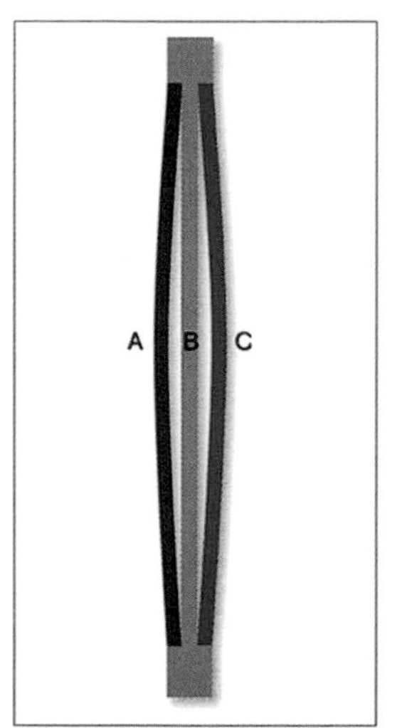

01 皮料劃兩道切口後，在皮料上、下端相連狀態下編繩。

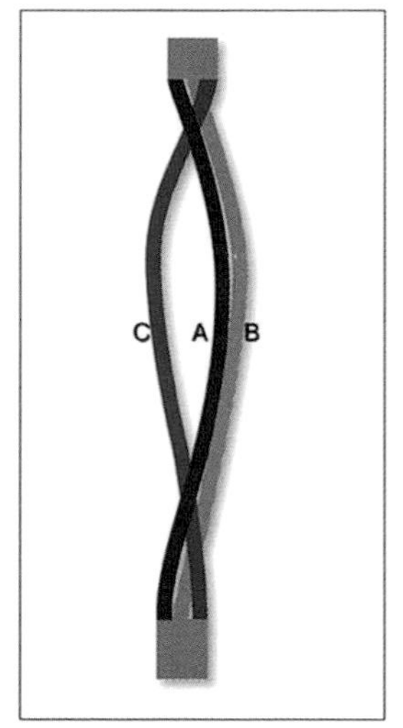

02 將C穿過A和B之間，再以三股編技巧續編。

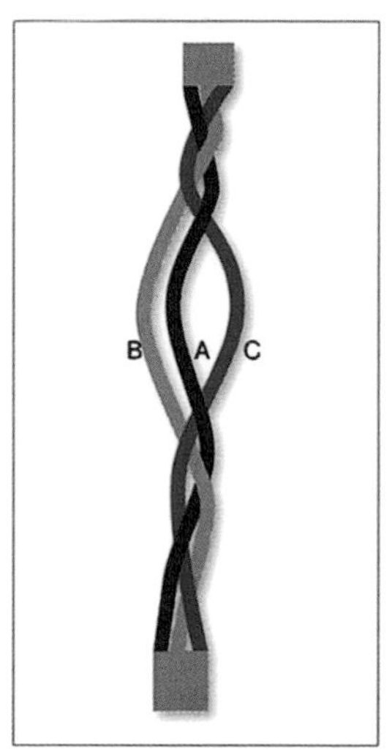

03 反覆做3次三股編後的狀態。

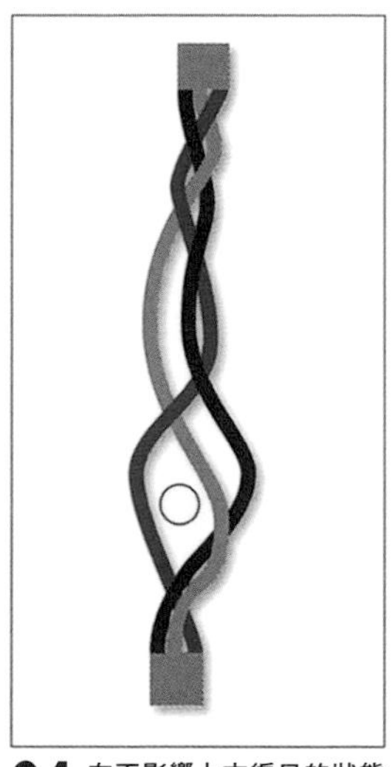

04 在不影響上方編目的狀態下撐開○部位。

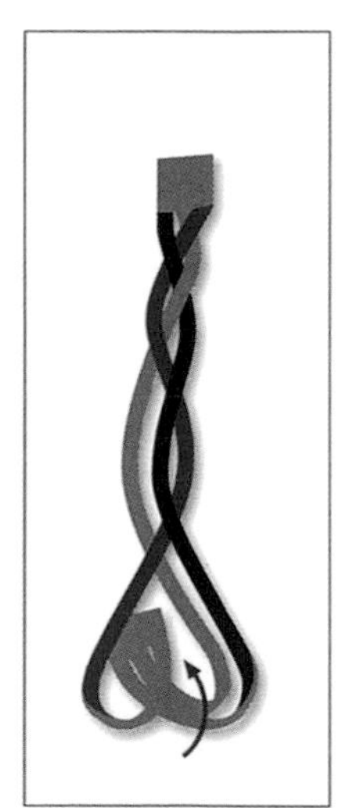

05 皮料下端由表側穿向裡側，穿過撐開部位。

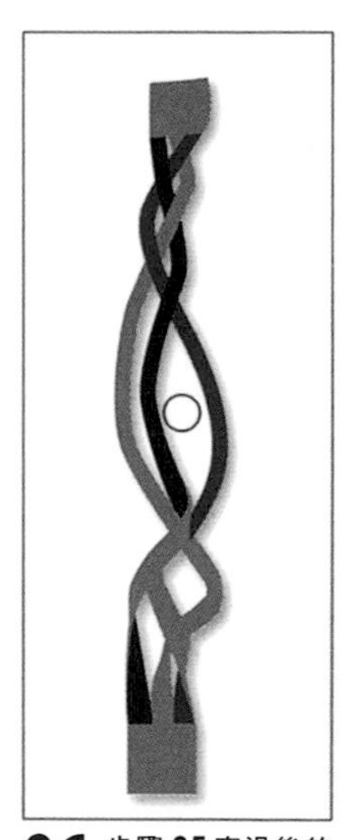

06 步驟 **05** 穿過後的狀態。再撐開○部位。

07 再由表側穿向裡側，將皮料下端穿過○部位。

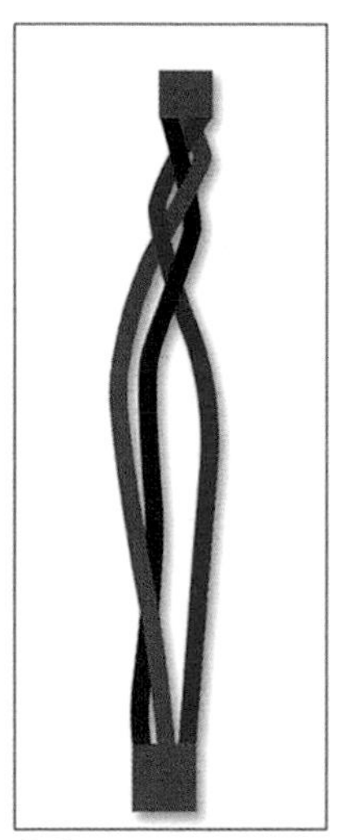

08 步驟 **07** 穿過後，皮面層位於表側，A和B重疊。

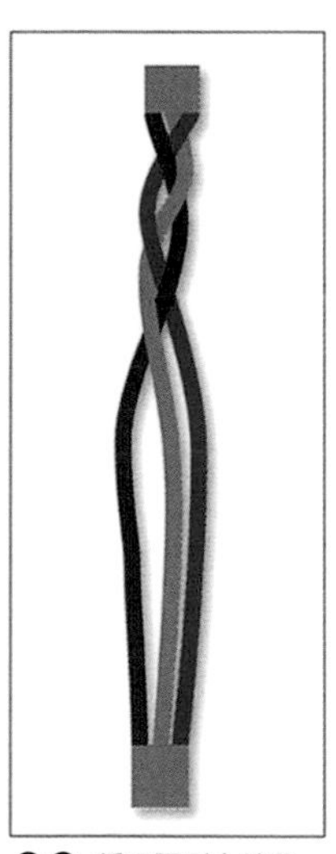

09 編目調到上端後，再編3次，反覆步驟 **04**～**08**。

ROUND BRAID OF FOUR THONGS

四股圓編

四股圓編為最基本的皮包用皮繩編法，除用於編製皮繩外，
動動腦即可變換出不同的用法，請務必學起來。

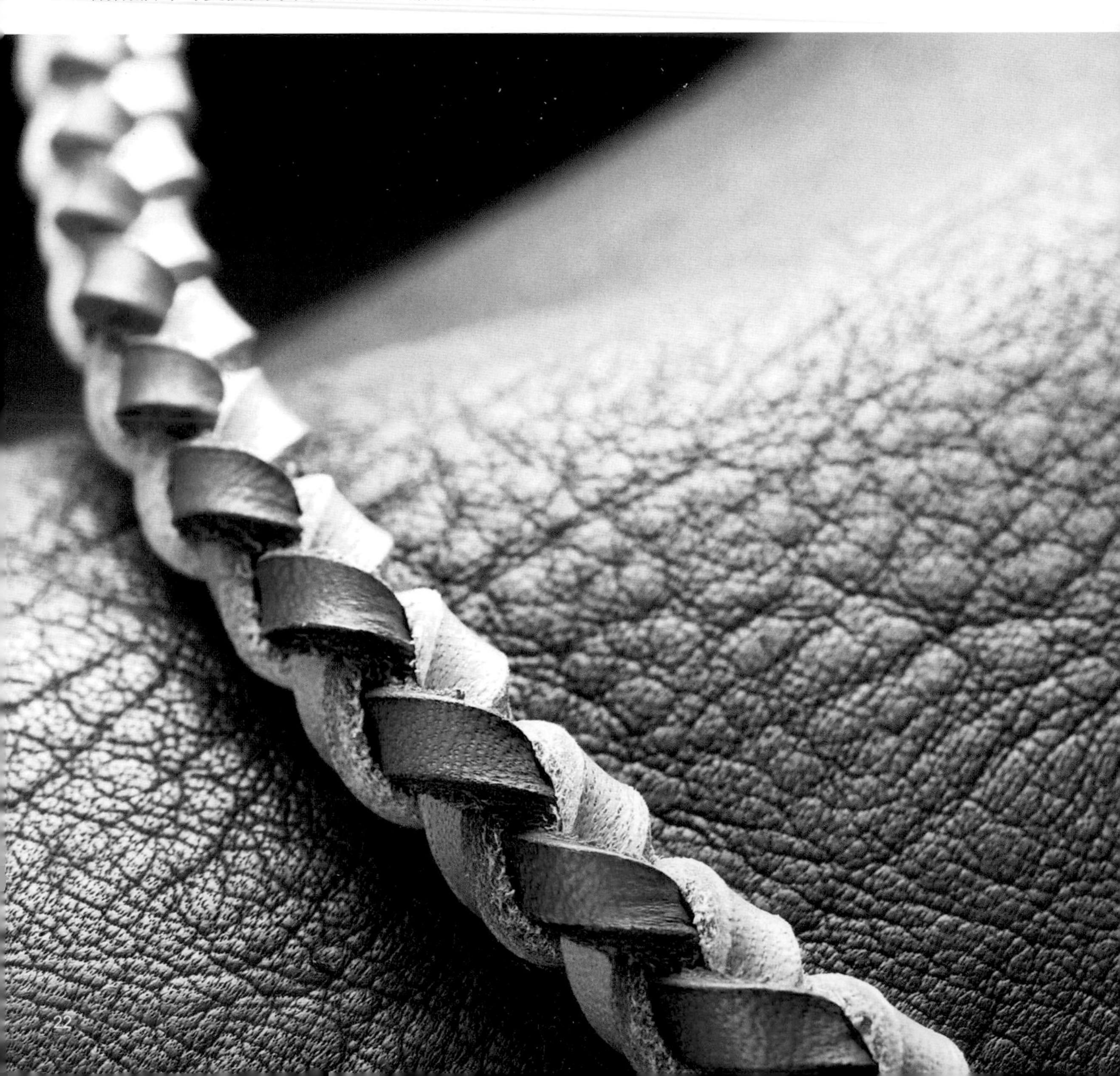

四股圓編1

ROUND BRAID OF FOUR THONGS 1

四股圓編是非常受歡迎的皮包用皮繩編法，編繩花樣會因 開始的皮繩重疊方式而不同，
使用雙色皮繩時可依個人喜好決定編繩花樣。

01 兩條皮繩交叉後如照片中所示套在活動鉤上。

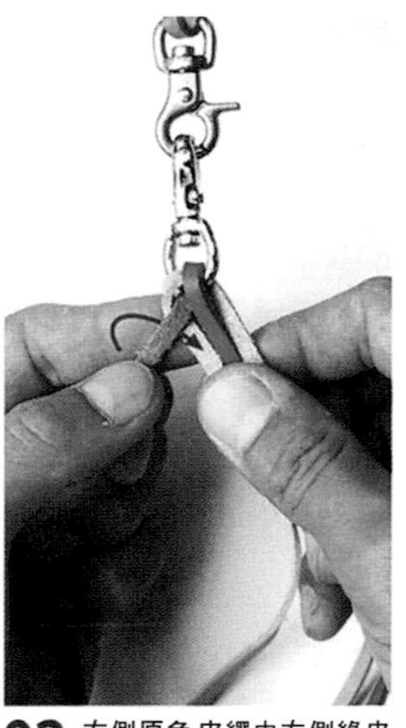

02 左側原色皮繩由左側綠皮繩下方拉向右側。編成左1條，右3條。

03 原本在右側的原色皮繩由上方拉向左側。

04 雙手各拉2條皮繩後往左右側拉緊，將編目拉得更緊實。

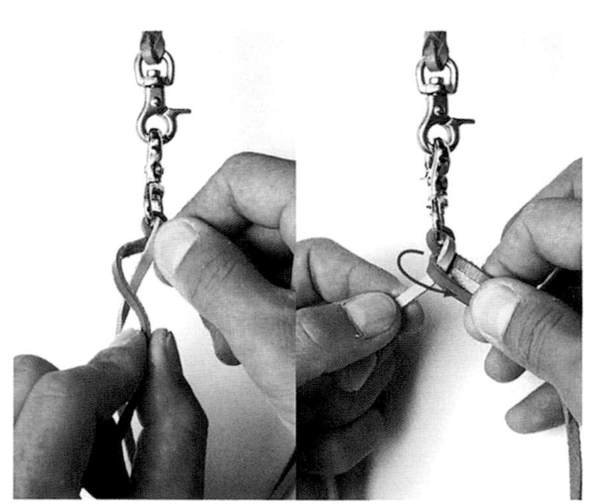

05 左側綠皮繩由左側原色皮繩上方拉向右側。編成左1條，右3條。

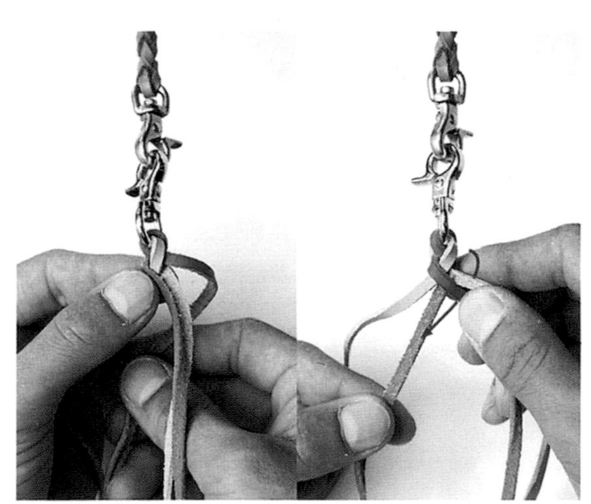

06 最右側的皮繩（綠）由右側原色皮繩下方將拉向左側。

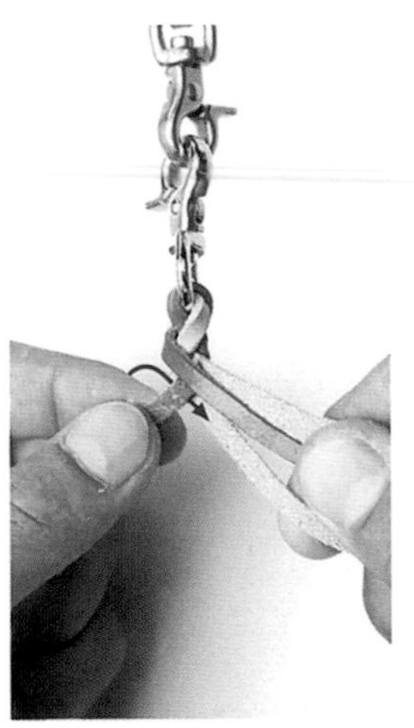

07 左側原色皮繩由左側綠皮繩下方拉向右側。

08 最右側原色由右側綠皮繩上方拉向左側後反覆步驟05～08。

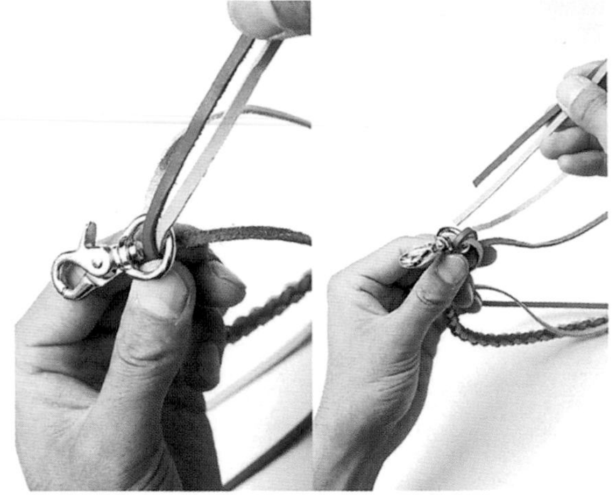

09 編到須要的長度後，將其中一條綠皮繩和原色皮繩一起穿過活動鉤。

10 綠皮繩和原色皮繩分別交叉後穿過活動鉤，再將4條皮繩拉向同一個方向。

11 縫線等對摺後，和編繩平行拿在手上。

12 另一條皮繩端部預留約10cm後和縫線並排。

13 由下往上纏繞皮繩。

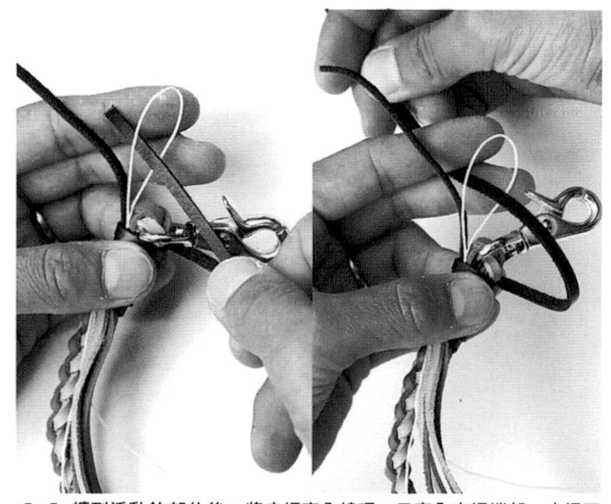

14 纏到活動鉤部位後，將皮繩穿入線環。只穿入皮繩端部，皮繩可形成環狀即可。

15 在線環套著皮繩的狀態下將縫線往下拉。

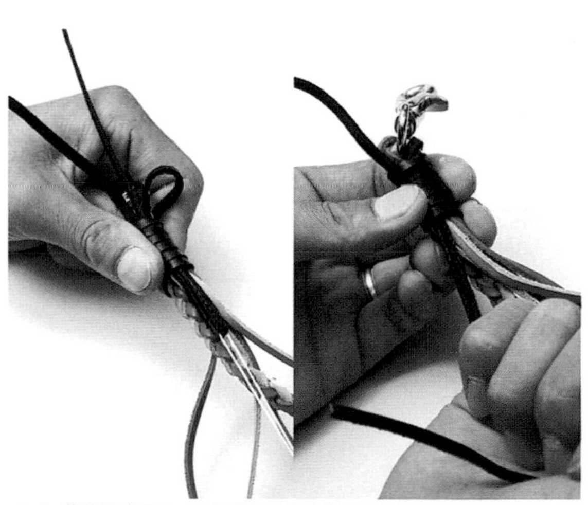

16 將縫線往下拉，皮繩端部就會隨著縫線穿過編繩和皮繩之間。拉緊那條皮繩以拴緊纏好的皮繩。

17 剪掉多餘的皮繩，即完成可搭配包包的編繩。

四股圓編2

ROUND BRAID OF FOUR THONGS 2

另一種四股圓編形狀為素稱螺旋紋的編繩花樣，
編法大同小異，只有編繩起點不一樣，透過配色即可創作出全然不同的意象。

01 兩條皮繩並排套在活動鉤上。

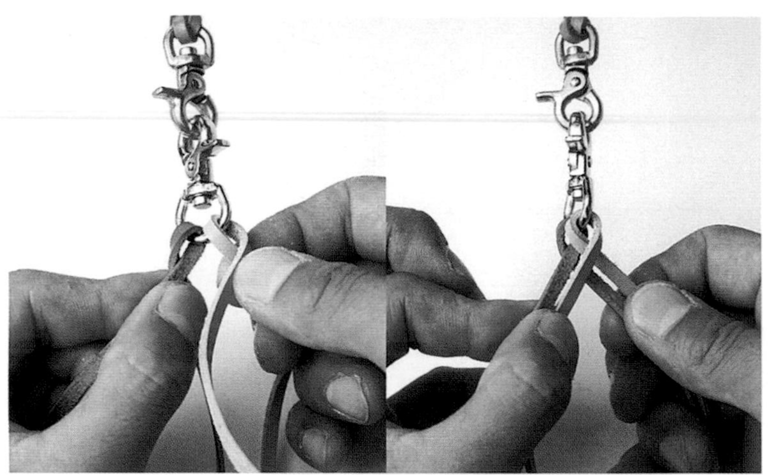

02 分別交叉綠色、原色皮繩後的狀態。重疊兩組皮繩，左右手各拿一條綠色和原色皮繩。

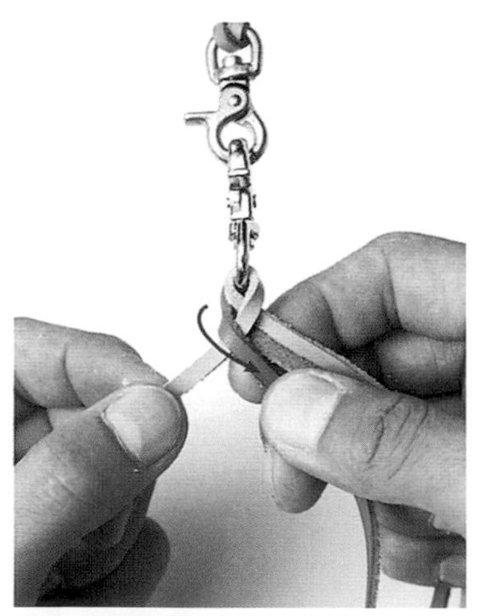

03 左側綠皮繩由上方拉向右側。

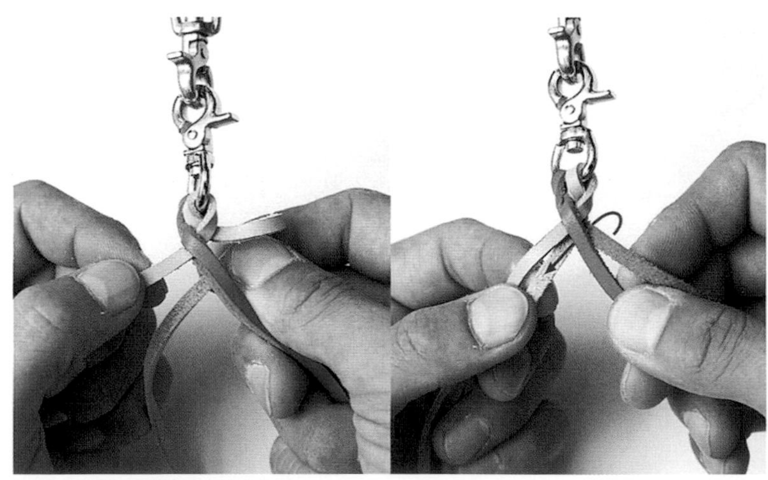

04 右側原色皮繩由下方拉向左側。

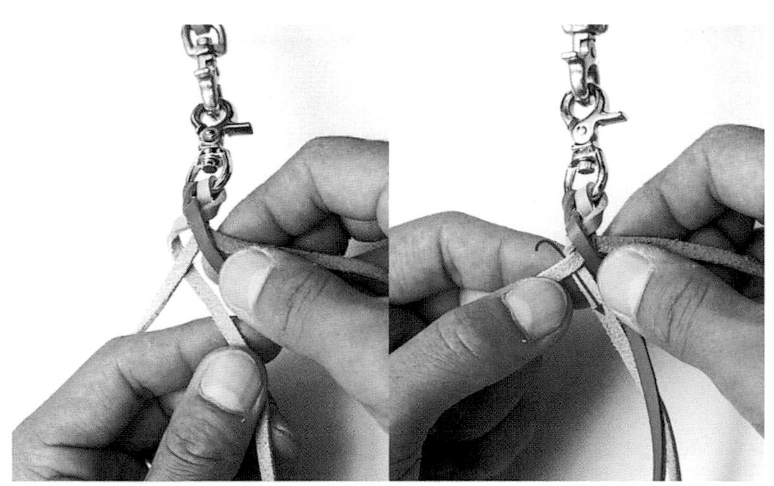

05 左側原色皮繩由下方拉向右側。

06 右側綠皮繩由上方拉向左側。

07 左側原色皮繩由上方拉向右側。

08 右側綠皮繩由下方拉向左側。

09 反覆步驟 **05～08**，編到自己喜歡的長度。

ROUND BRAID OF SIX THONGS

六股圓編

希望製作外型比較粗獷的編繩作品時，建議採用六股圓編方式。
重點為編製過程中必須毫不遲疑地翻轉編繩。

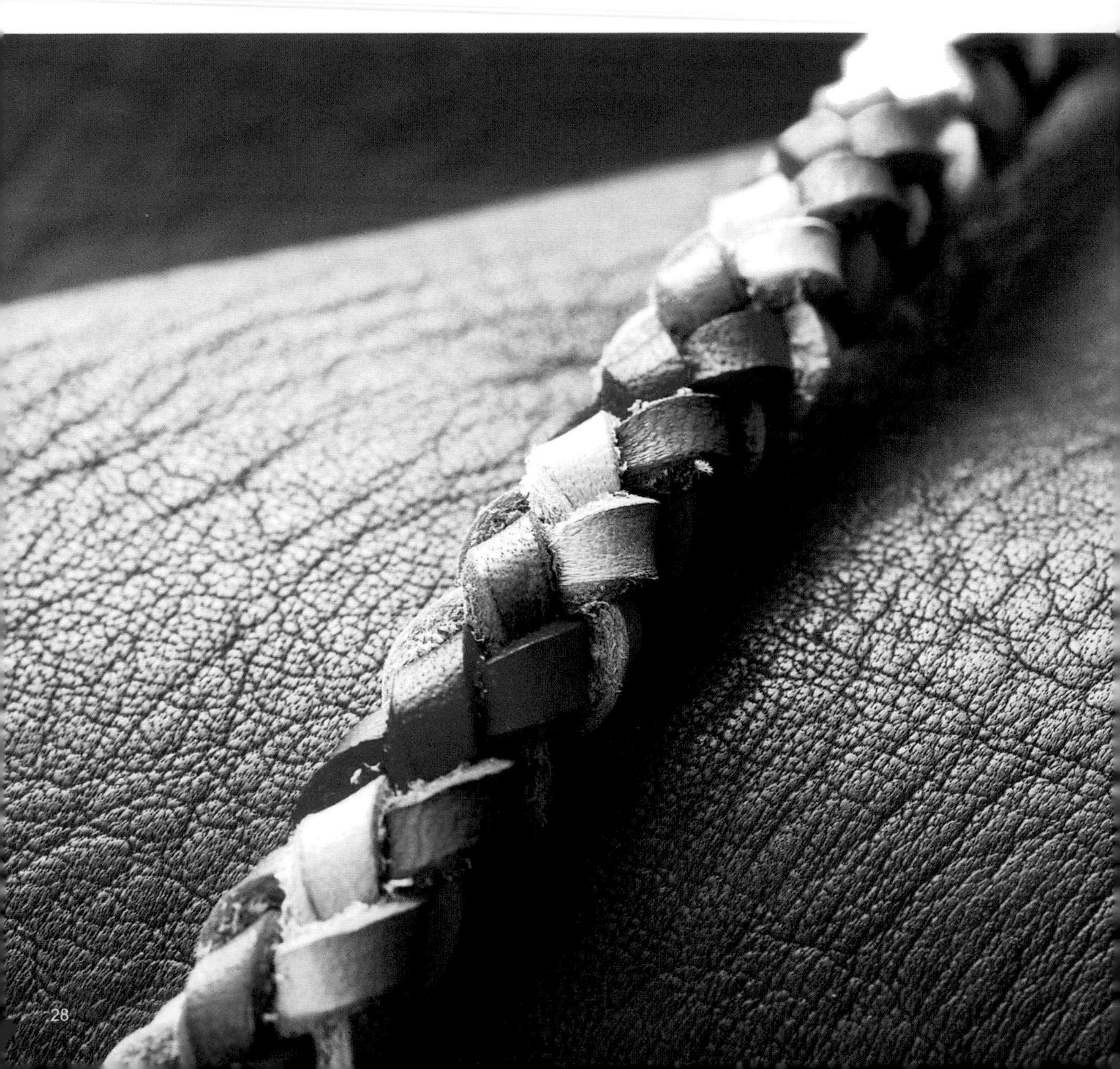

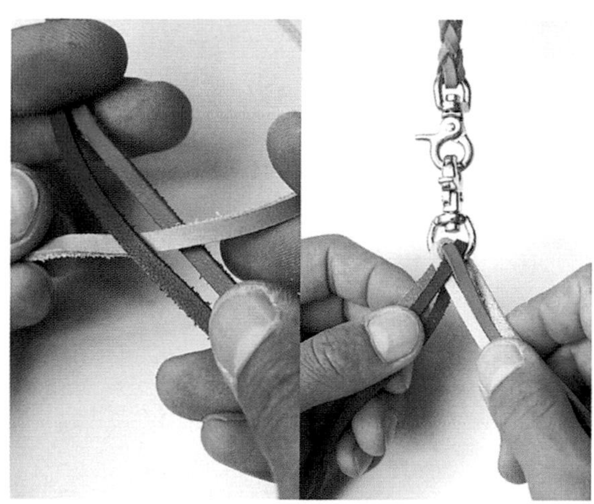

01 兩條皮繩夾住一條皮繩，對摺該部位後套在活動鉤上。左右手各拉一條綠皮繩，再拉住另外兩色（紅、原色）皮繩的任一組。

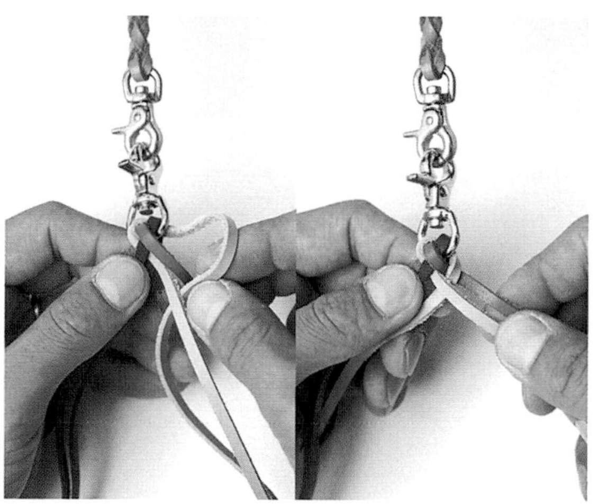

02 右側的原色皮繩由綠皮繩上、原色皮繩下拉向左側。編成左側4條，右側2條。

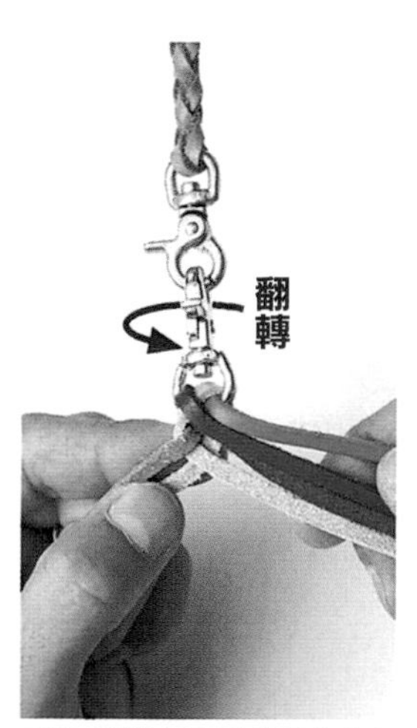

03 翻轉步驟 **02** 後變換左右為左2條、右4條。

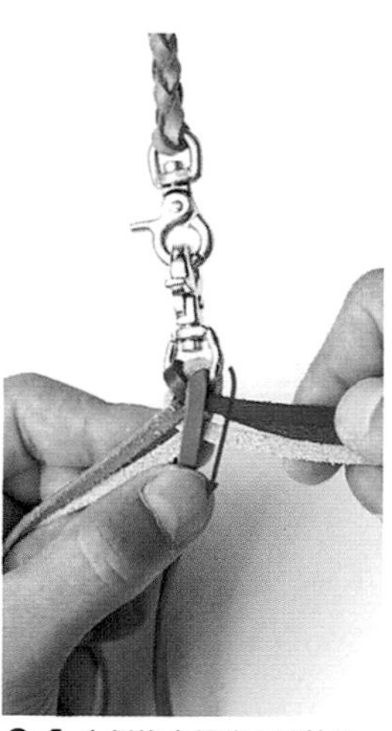

04 右側綠皮繩往面前拉後，拉向左側。

05 左側綠皮繩由上方拉向右側。

06 翻轉步驟 **05** 後變換左右為左4條，右2條。

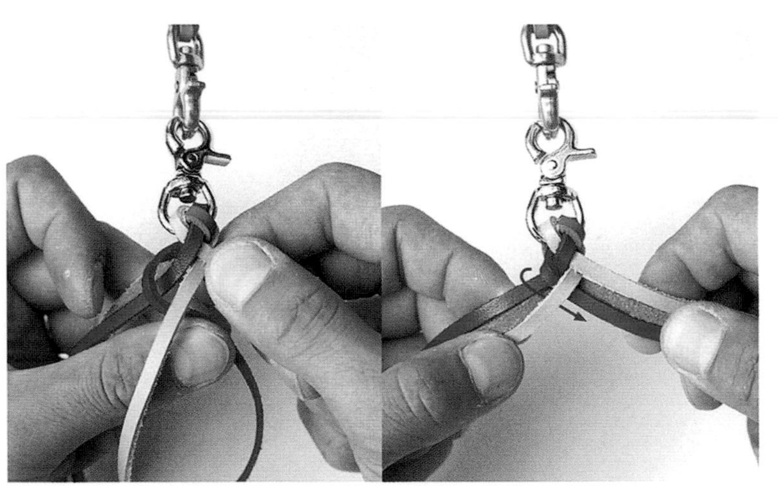

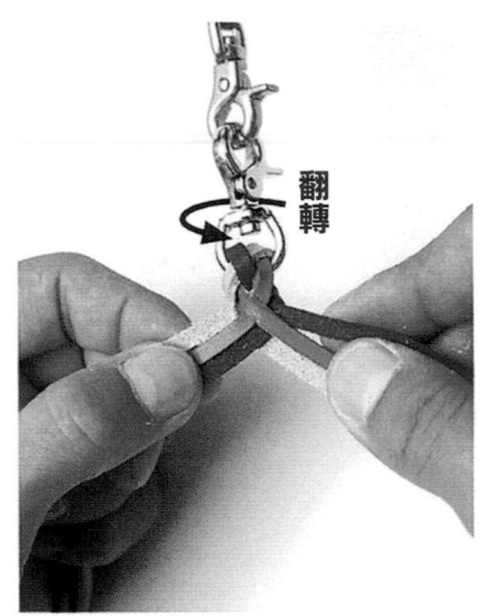

07 左側紅皮繩由紅皮繩上方、原色皮繩下方拉向右側。

08 翻轉步驟 07 後變換左右。

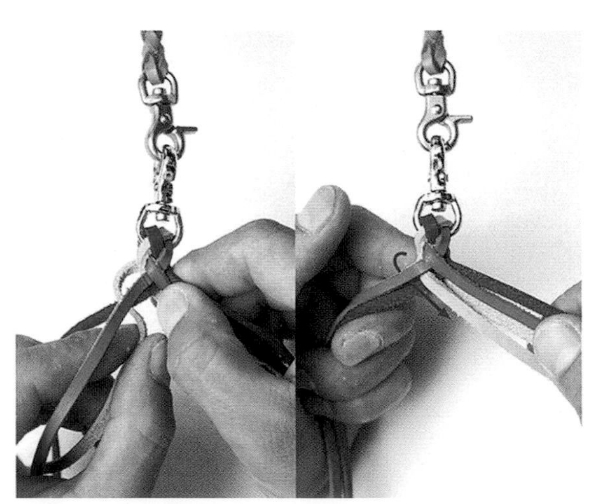

09 左側原色皮繩由綠皮繩下、紅皮繩上拉向右側。

10 右側紅皮繩由綠皮繩上、原色下拉向左側。

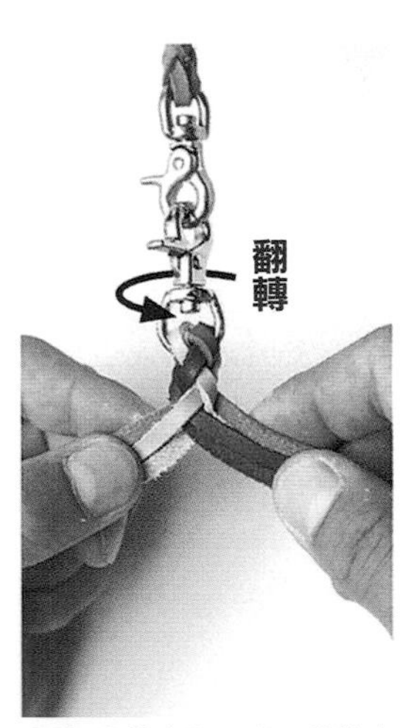

11 翻轉步驟 10 後，變換左右。

12 右側綠皮繩由紅皮繩之間拉向左側。

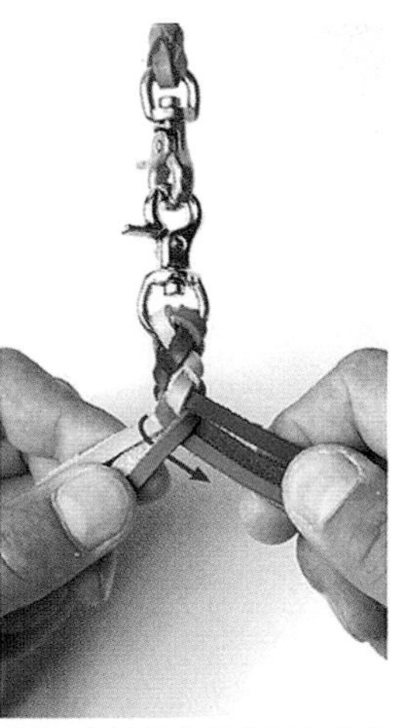

13 左側綠皮繩由原色皮繩上、綠皮繩下拉向右側。恢復步驟 07 的狀態。

14 反覆步驟 08～13，編好足夠的長度。

15 翻轉步驟 14，後變換左右。

16 左側原色皮繩由紅皮繩之間拉向右側。

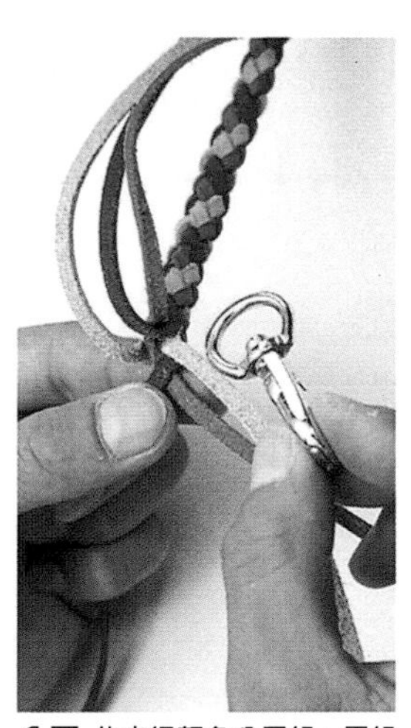

17 依皮繩顏色分兩組，兩組間安裝活動鉤。

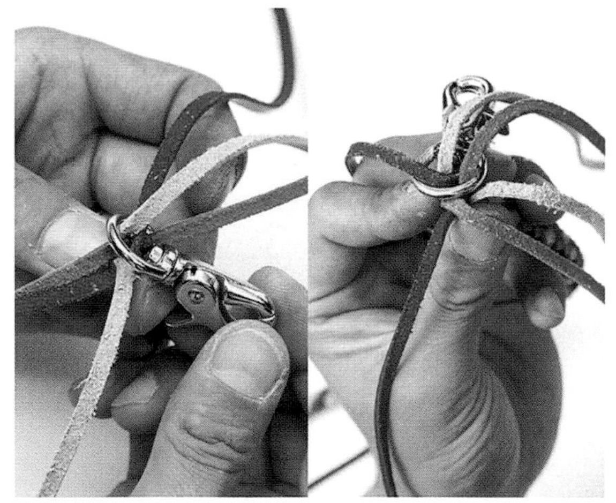

18 將其中一組皮繩穿入活動鉤。

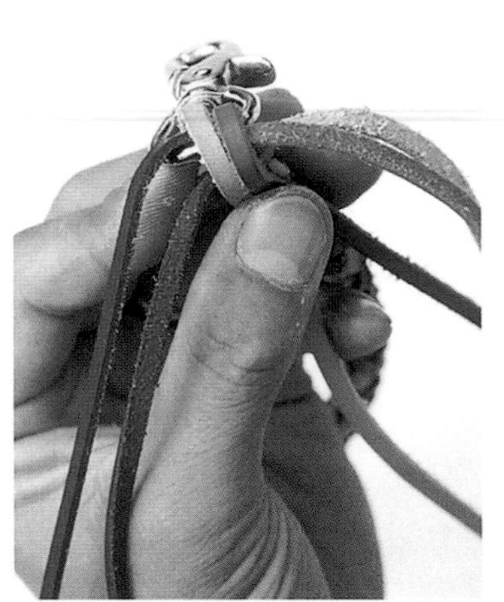

19 三條皮繩穿過後拉向另一側。

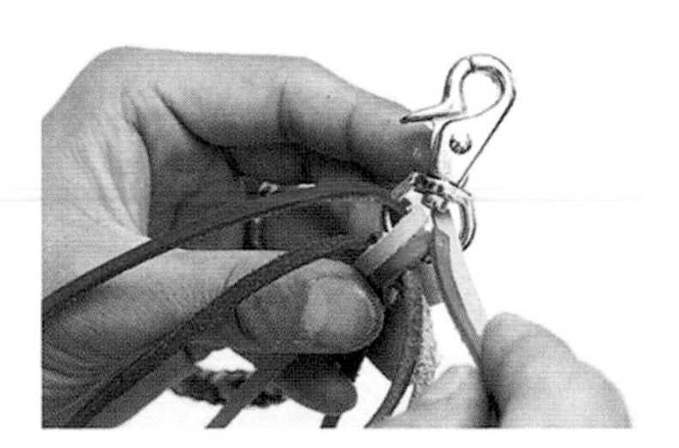

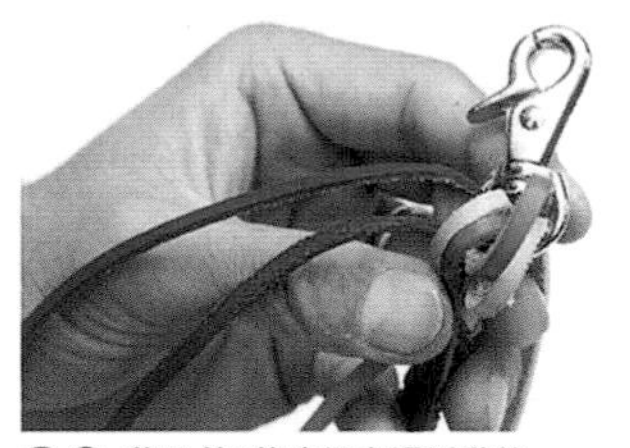

20 將另外3條皮繩穿過活動鉤。

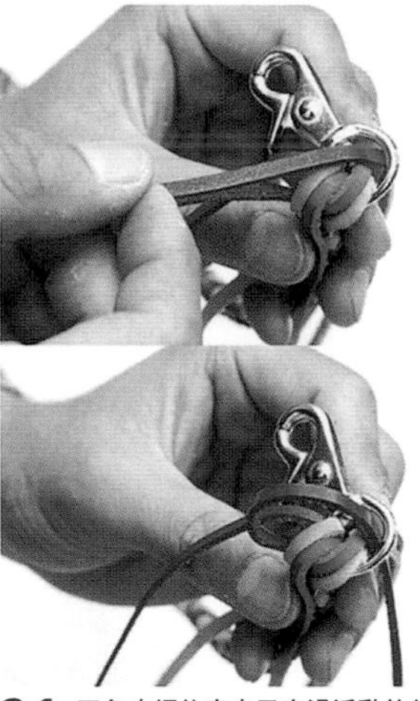

21 三色皮繩依序交叉穿過活動鉤的圓環。

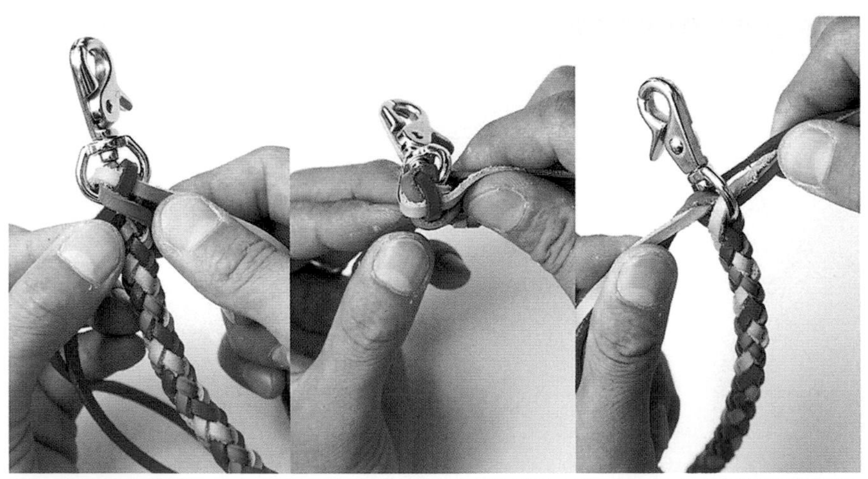

22 皮繩穿過活動鉤後，左右手拉緊皮繩以填滿活動鉤和皮繩之間的空隙。處理成如照片中這樣漂亮的狀態以提昇完成度。

23 將皮繩拉到同一個方向，配合皮繩方向，將皮繩端部處理得很美觀。

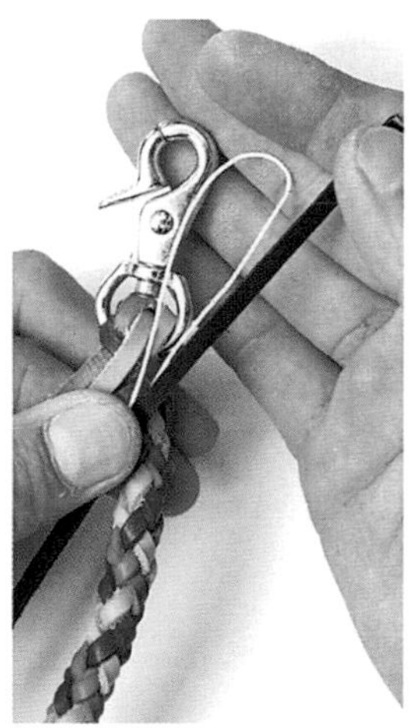

24 縫線對摺後，和編繩平行拿在手上，接著與綑綁用皮繩並排。

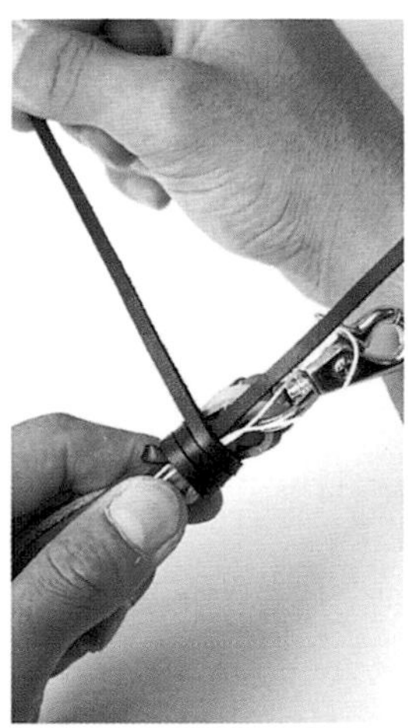

25 以皮繩纏繞縫線和編繩。

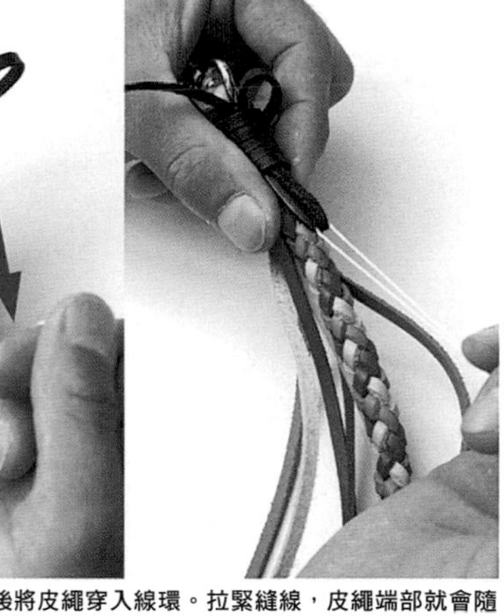

26 纏到活動鉤部位後將皮繩穿入線環。拉緊縫線，皮繩端部就會隨著縫線穿過纏好的皮繩和編繩之間。

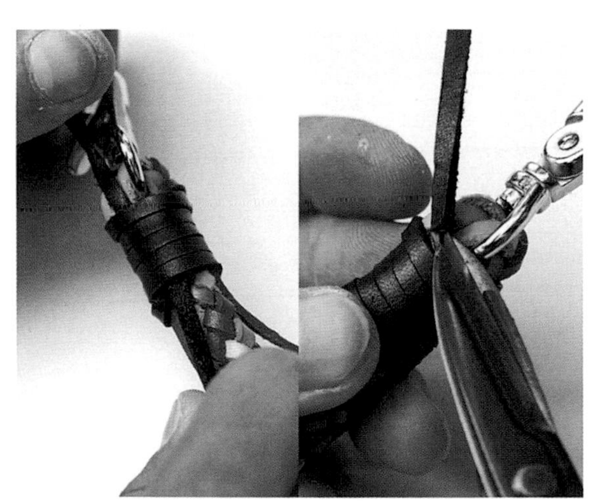

27 修剪露出纏繞部位上、下方的皮繩。

28 可搭配皮包的六股圓編繩完成，如同四股圓編，可以編製出不同的花樣，挑戰看看吧！

ROUND BRAID OF EIGHT THONGS

八股圓編

不想和別人一樣，想編獨特作品時，建議挑戰看看這個八股圓編。
編法和六股圓編大同小異，編製過程中必須不斷地翻轉編繩。

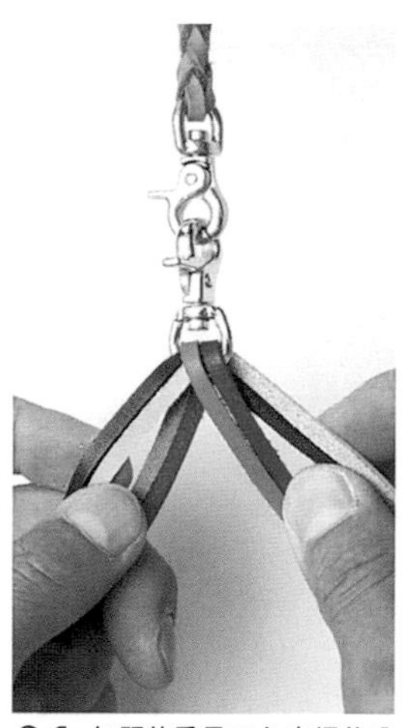

01 如照片重疊四色皮繩後分成左右兩組。

02 右側原色皮繩由上方拉向左側。

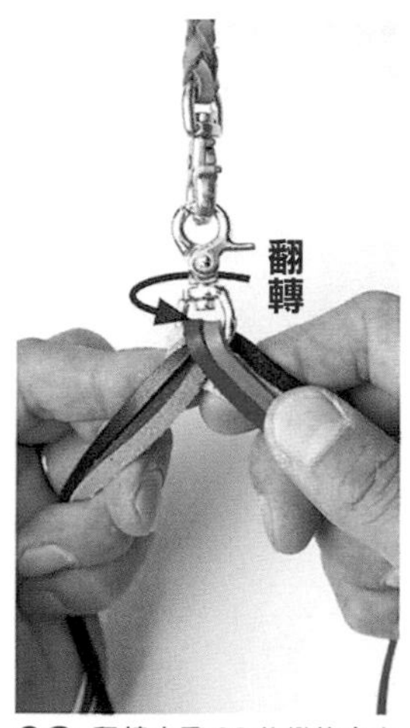

03 翻轉步驟 **02** 後變換左右為左3條，右5條。

04 右側黑皮繩由上方拉向左側。

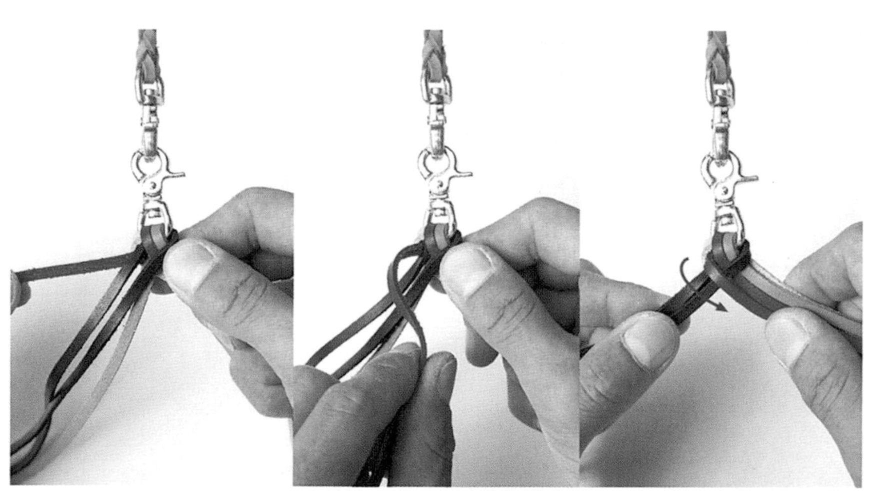

05 左側紅皮繩由上方拉向右側。編成左3條，右5條的狀態。

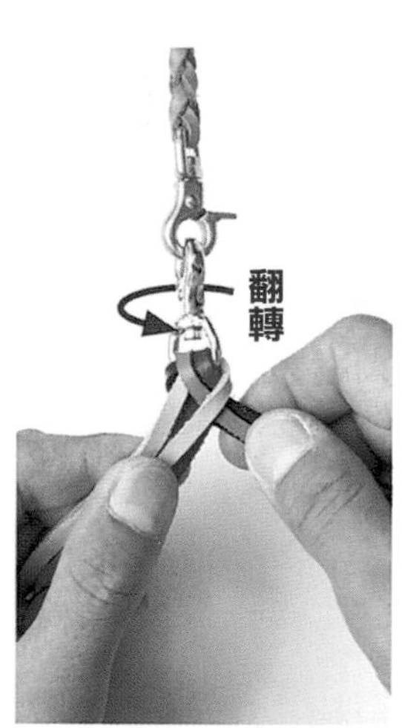

06 翻轉步驟 **05** 後變換左右為左5條，右3條。

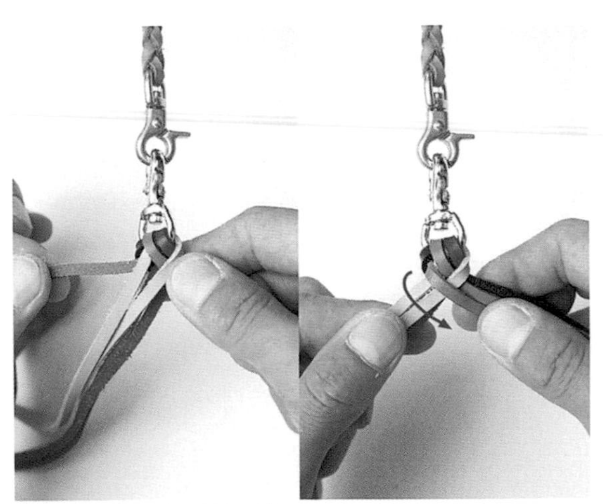

07 左側綠皮繩由上方拉向右側。

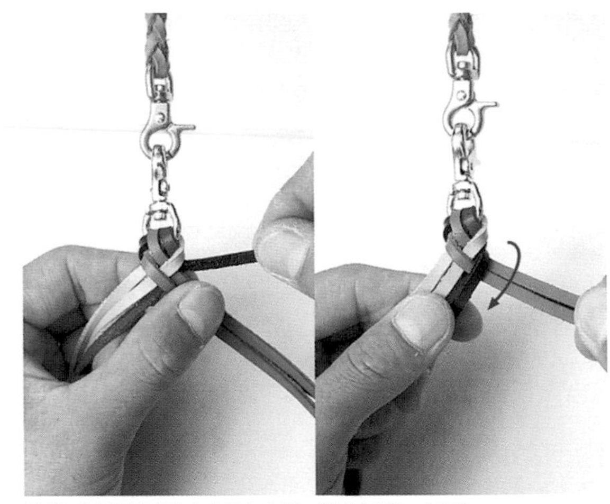

08 右側黑皮繩由上方拉向左側。編成左5條，右3條。

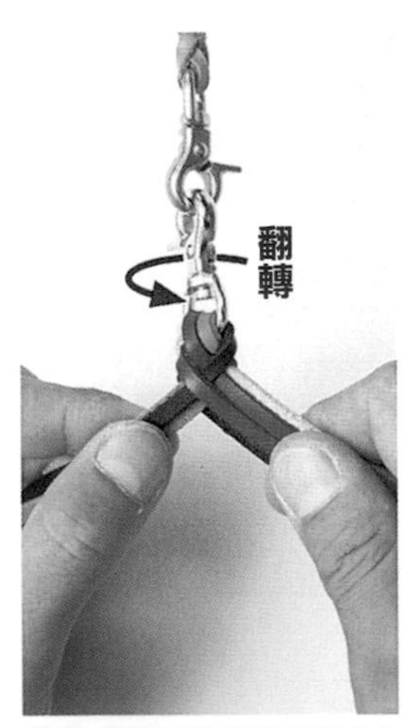

09 翻轉步驟 08 後變換左右為左3條，右5條的狀態。

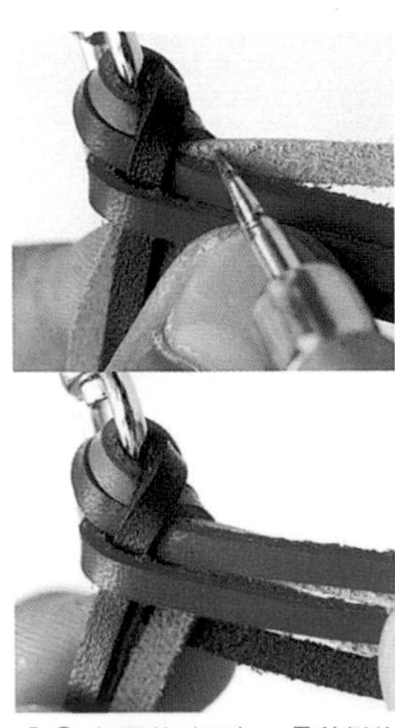

10 如照片（下），最外側的皮繩完全重疊才能編出漂亮的編目。

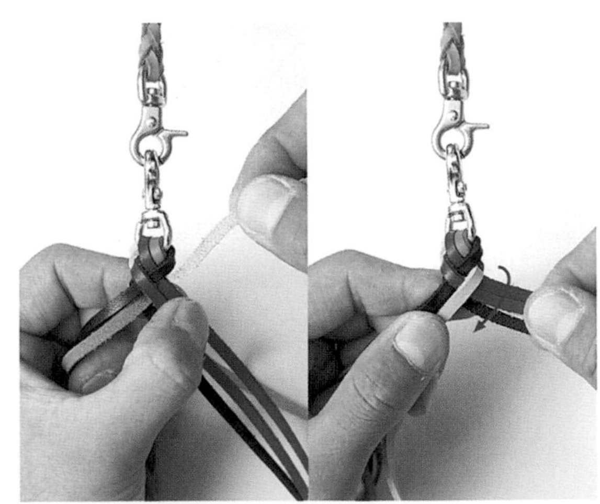

11 右側原色皮繩由上方拉向左側。

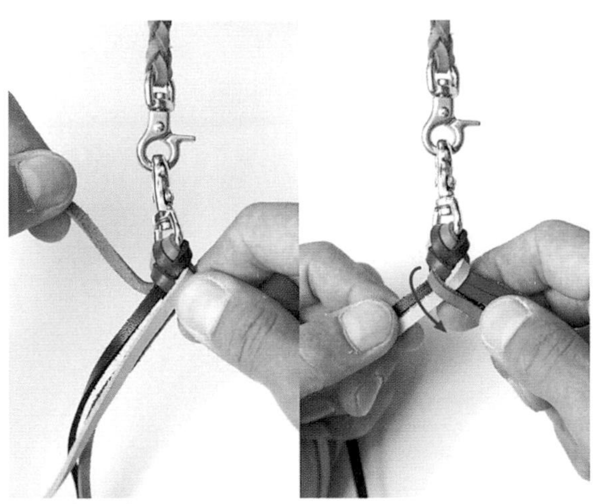

12 左側綠皮繩由上方拉向右側。

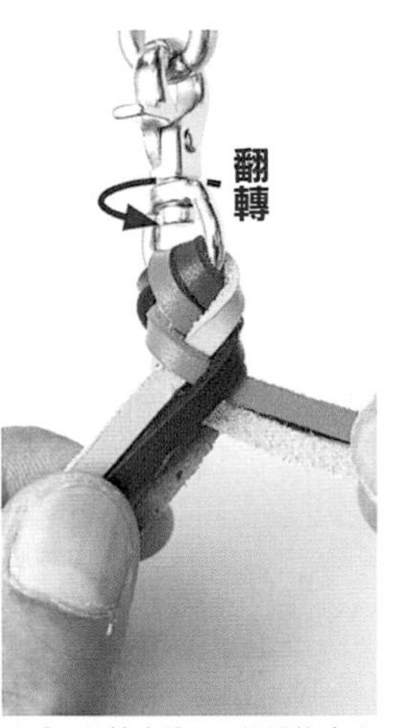

13 翻轉步驟 12 後變換左右為左5條，右3條。

14 完成步驟 13 後返回步驟 07 ，編好足夠的長度。

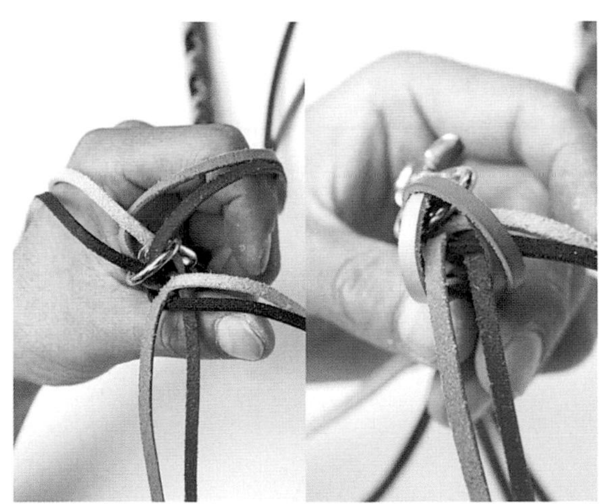

15 將各色皮繩分成兩組，兩組之間安裝活動鉤。

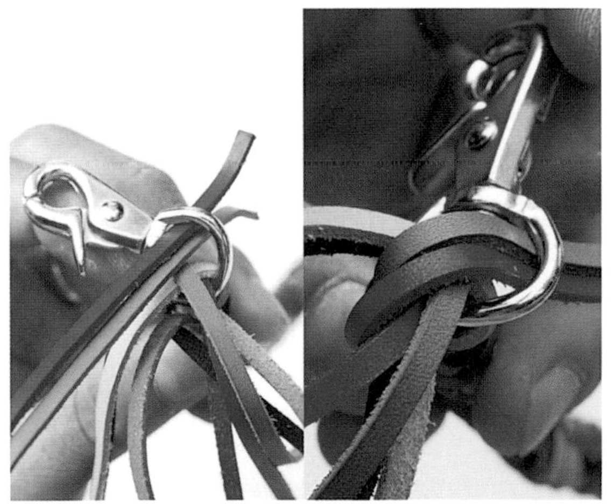

16 將另外4條皮繩交叉穿過活動鉤。

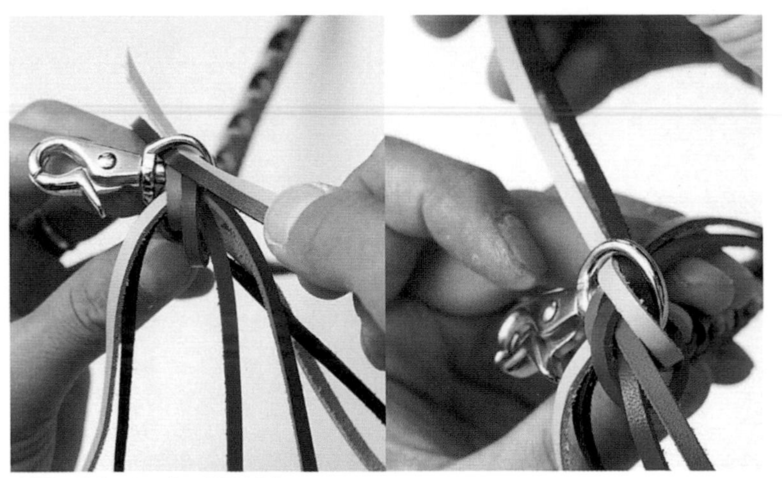

17 兩條為一組，交互穿過活動鉤。

18 左右手拉緊皮繩以填滿活動鉤和皮繩之間的空隙。

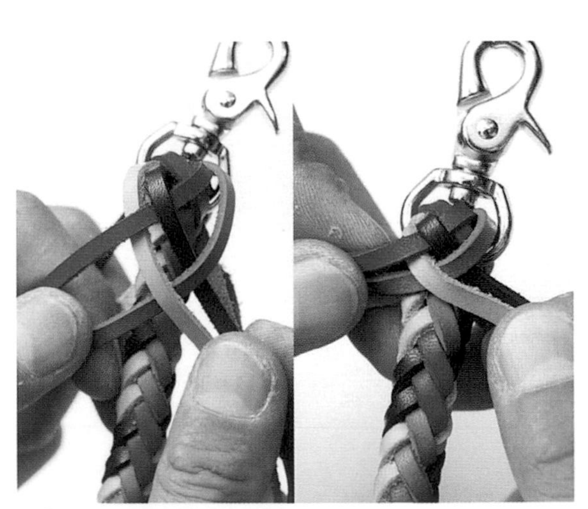

19 如照片中作法編好其中一側的4條皮繩。

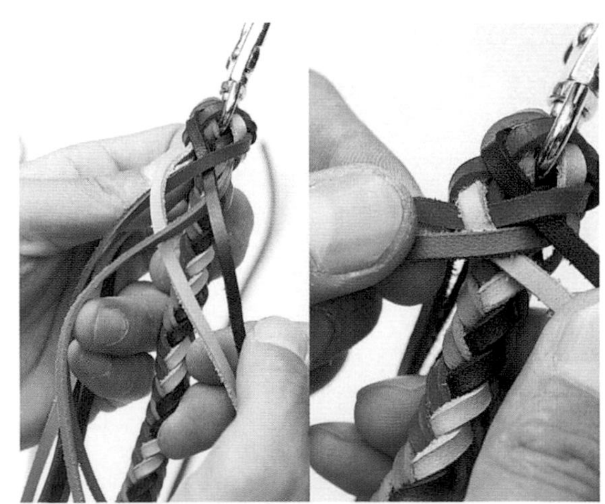

20 再以相同要領編好另一側。

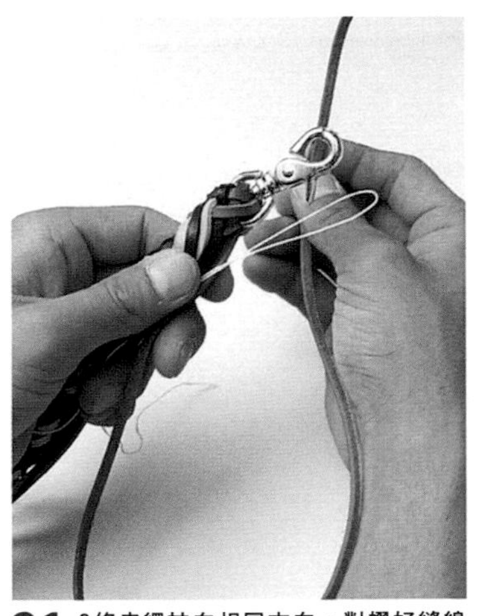

21 8條皮繩拉向相同方向，對摺好縫線後，和編繩並排拿在手上。

22 不加入其他皮繩，從8條皮繩中拉出一條後纏繞固定住。

23 纏繞至活動鉤部位後，將皮繩端部穿入線環。

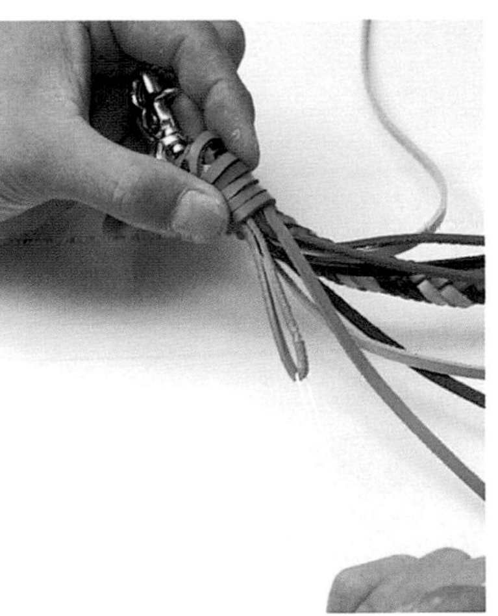

24 將縫線往下拉，拉出套在線環上的皮繩端部。

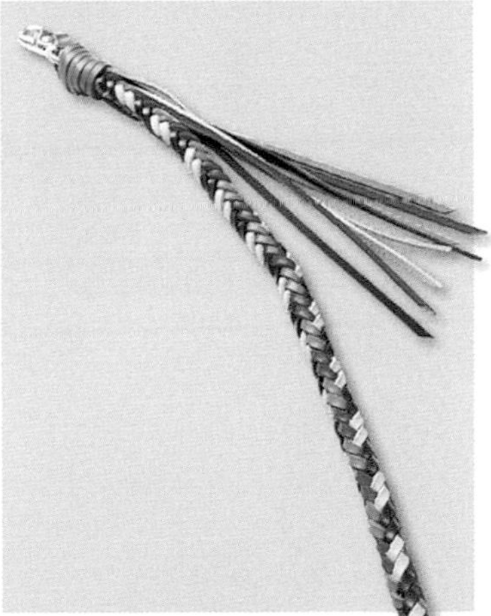

25 將皮繩修剪成適當長度，完成搭配皮包的八股圓編繩。

作品實例1
ITEM SAMPLE 1

本單元主要是介紹以圓編技巧編製的GRAND ZERO作品和訂製品。
除製作皮包用編繩外，圓編技巧應用範圍也非常廣。

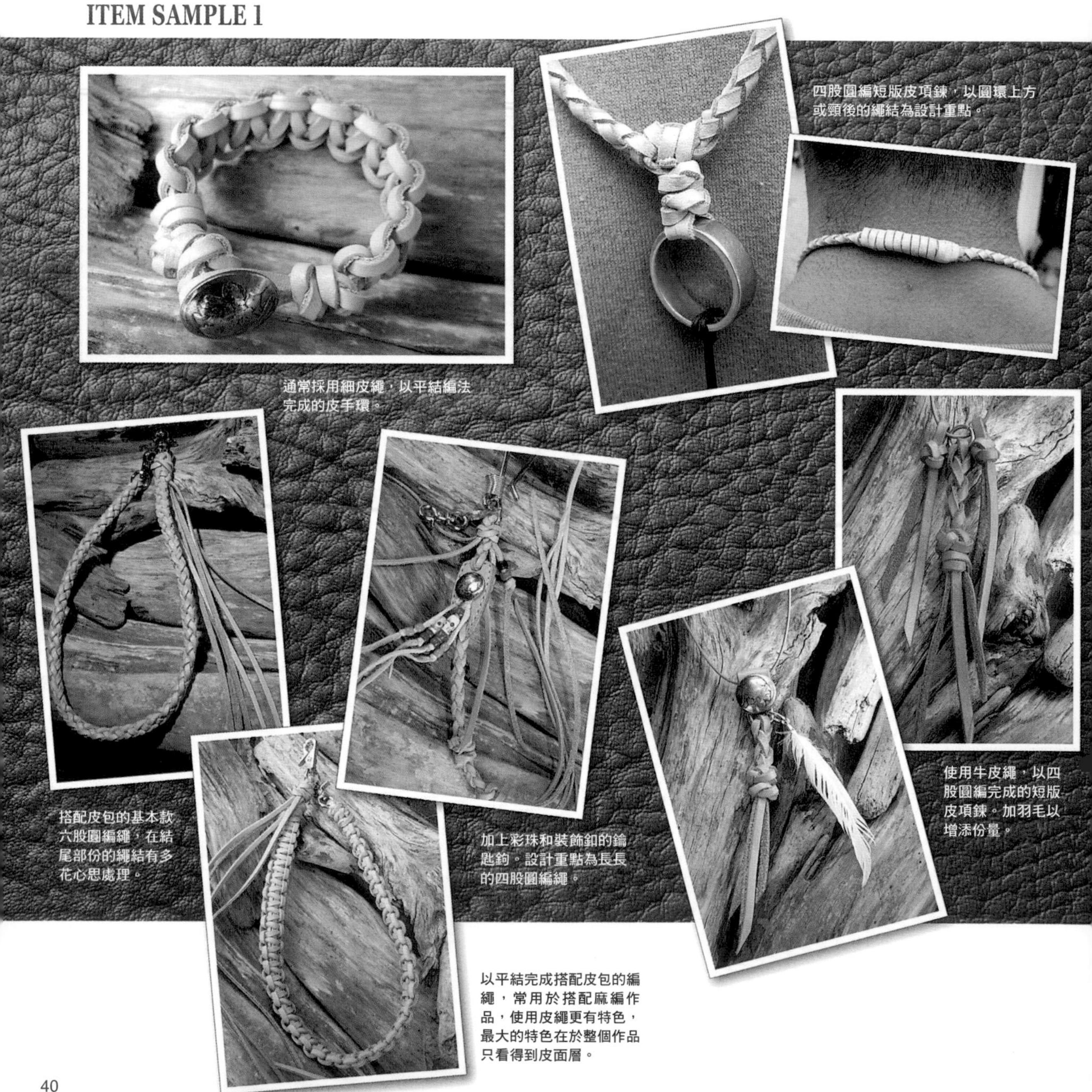

四股圓編短版皮項鍊，以圓環上方或頸後的繩結為設計重點。

通常採用細皮繩，以平結編法完成的皮手環。

搭配皮包的基本款六股圓編繩，在結尾部份的繩結有多花心思處理。

加上彩珠和裝飾釦的鑰匙鉤。設計重點為長長的四股圓編繩。

使用牛皮繩，以四股圓編完成的短版皮項鍊。加羽毛以增添份量。

以平結完成搭配皮包的編繩，常用於搭配麻編作品，使用皮繩更有特色，最大的特色在於整個作品只看得到皮面層。

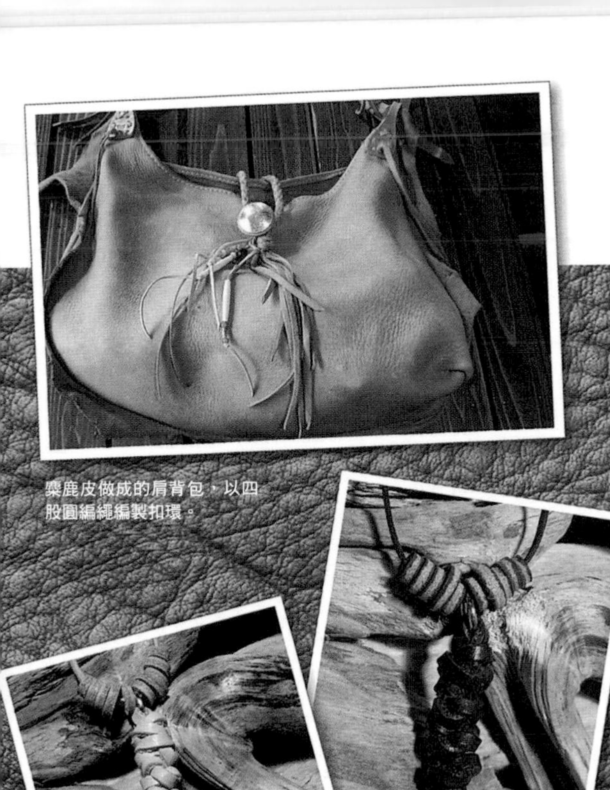

麋鹿皮做成的肩背包，以四股圓編繩編製扣環。

吊牌編繩的素材為細皮繩，以四股圓編技巧完成。

四股圓編繩加上彩珠或裝飾釦，變身為時髦漂亮的皮項鍊。

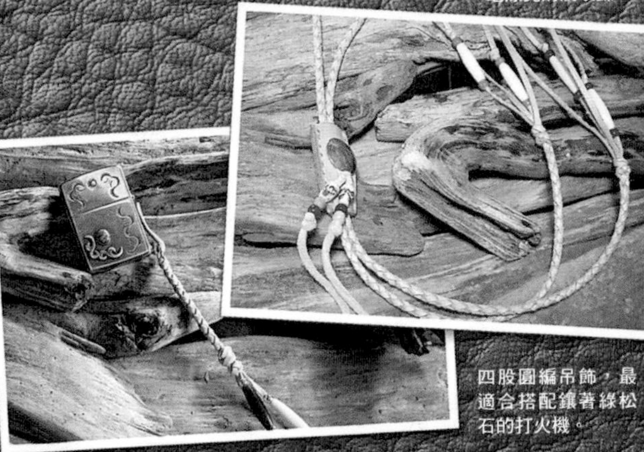

四股圓編吊飾，最適合搭配鑲著綠松石的打火機。

非常協調地打上繩結後製成的皮項鍊。由皮繩和彩珠搭配出不同的氛圍。

四股圓編繩編成繩環後製成的手機吊飾。如照片所示，作品氛圍因皮繩顏色而大不同。

以鹿皮製成的腰包，再以四股圓編繩為扣繩。整體氣氛和牛皮大不相同。

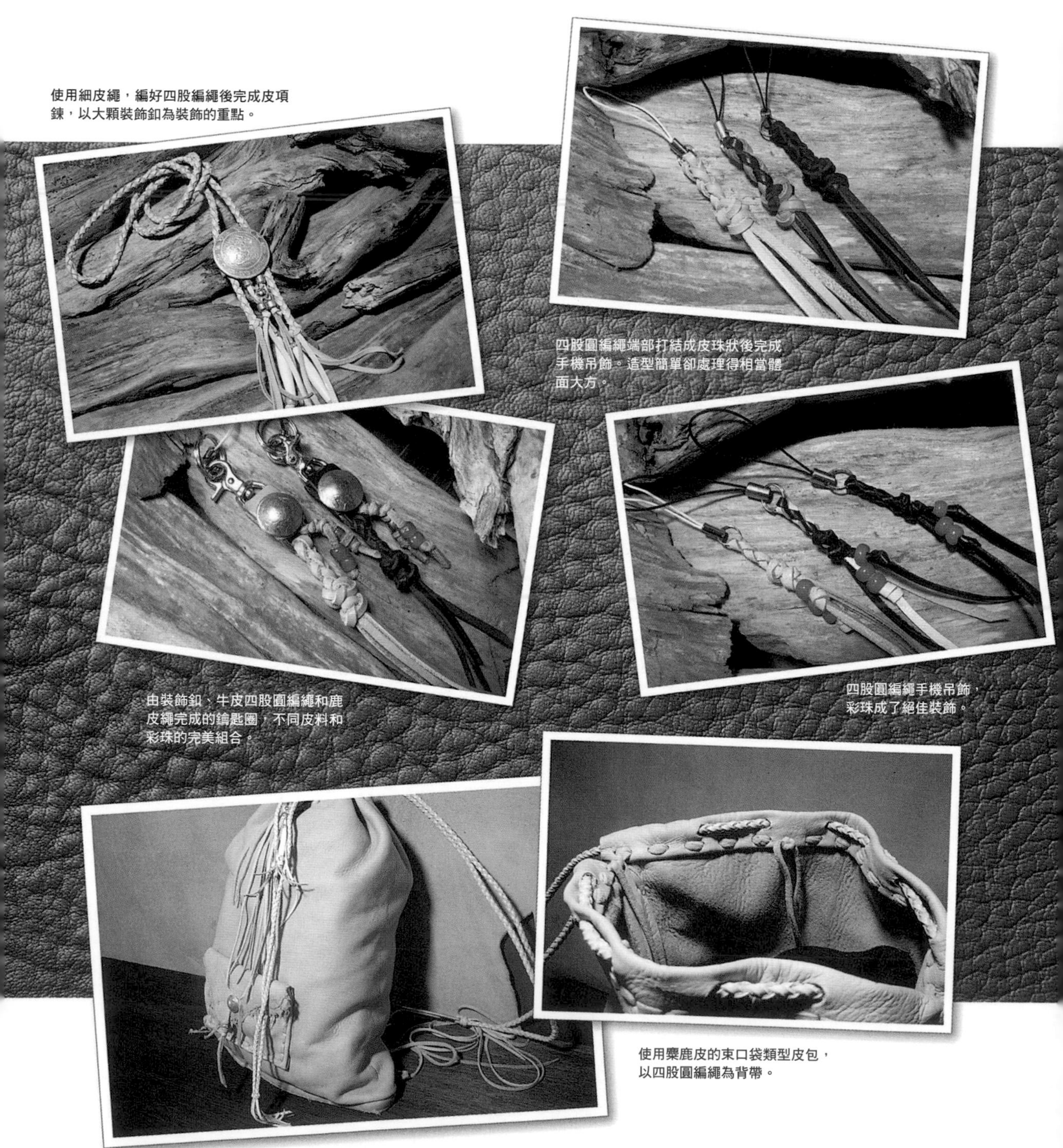

使用細皮繩，編好四股編繩後完成皮項鍊，以大顆裝飾釦為裝飾的重點。

四股圓編繩端部打結成皮珠狀後完成手機吊飾。造型簡單卻處理得相當體面大方。

由裝飾釦、牛皮四股圓編繩和鹿皮繩完成的鑰匙圈，不同皮料和彩珠的完美組合。

四股圓編繩手機吊飾，彩珠成了絕佳裝飾。

使用麋鹿皮的束口袋類型皮包，以四股圓編繩為背帶。

ITEM SAMPLE 1

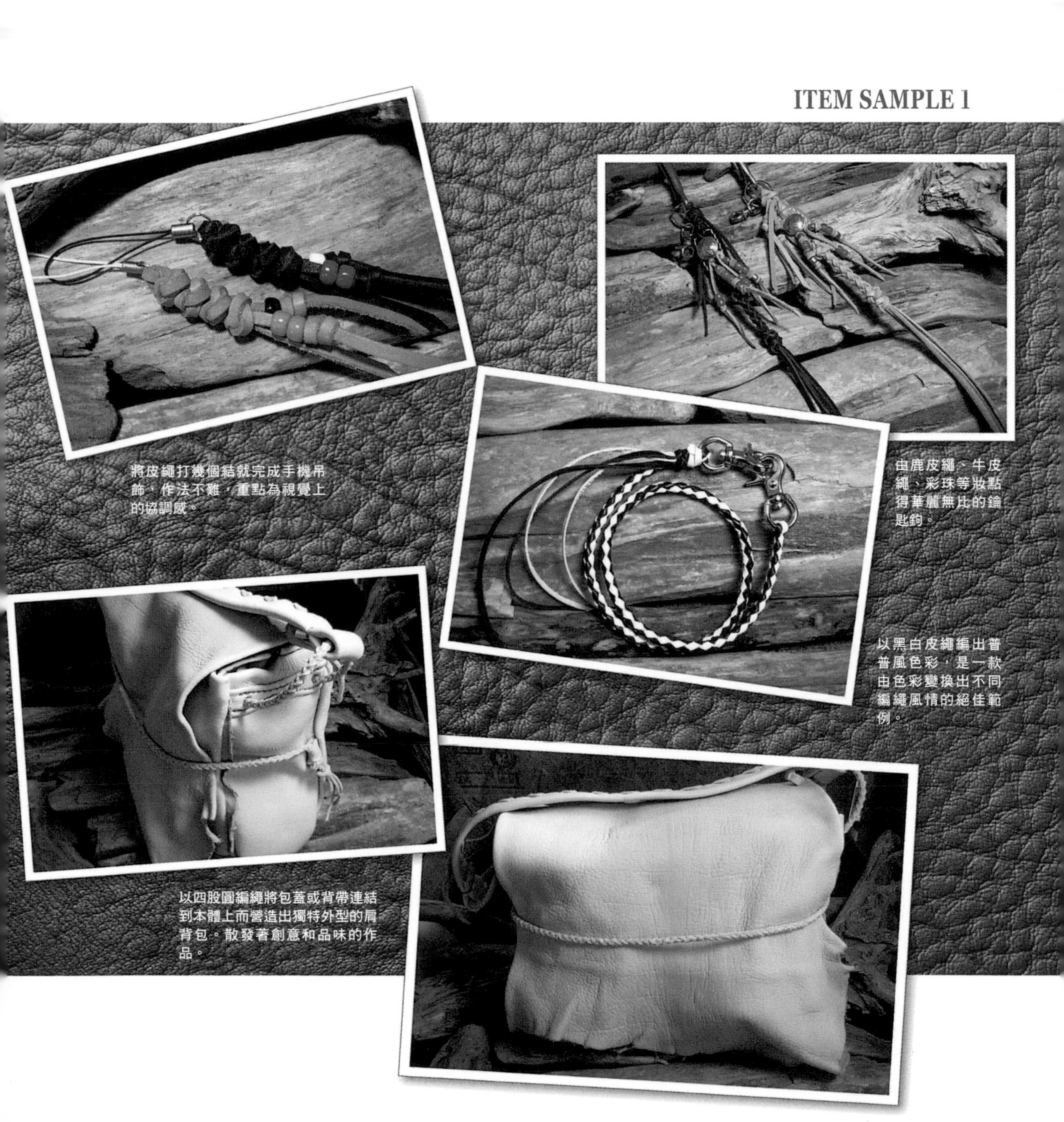

將皮繩打幾個結就完成手機吊飾，作法不難，重點為視覺上的協調感。

由鹿皮繩、牛皮繩、彩珠等妝點得華麗無比的鑰匙鉤。

以黑白皮繩編出普普風色彩，是一款由色彩變換出不同編繩風情的絕佳範例。

以四股圓編繩將包蓋或背帶連結到本體上而營造出獨特外型的肩背包。散發著創意和品味的作品。

SINGLE LOOP LACING

單繩滾邊

反覆地交叉繞縫一條皮繩的滾邊法。
滾邊起點和終點的處理方式都非常簡單。

前置作業

皮料上依序打好皮繩滾邊的孔洞。本作品在轉角孔洞的部分，分別以皮繩繞縫3次，
因此，斬打的孔洞必須大於其他部位。繞縫2次皮繩處不必加大孔洞。

01 以下將透過GRAND ZERO的手環，介紹皮繩滾邊技巧。將間距規設定為寬4mm，再沿著皮料邊緣描線，這裡使用厚3mm的皮料。

02 將間距規設定為寬5.5mm，做記號標好打孔位置，狹窄部位（如圖）可調成5mm。

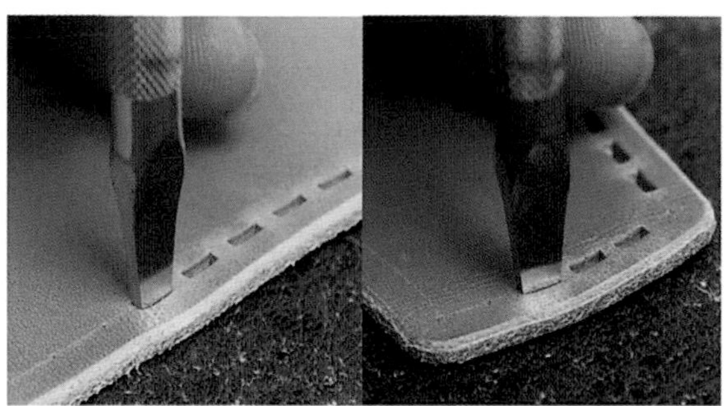

03 瞄準步驟 02 記號，敲打斬具以打上孔洞。轉角處暫不打孔，先打直線部位。使用寬3mm的斬具。

04 轉角處先上下打孔，再以寬2mm斬具斬打孔洞的左右側，處理成較寬的長形孔。穿2次皮繩的孔洞跟直線部位一樣處理就可以了。

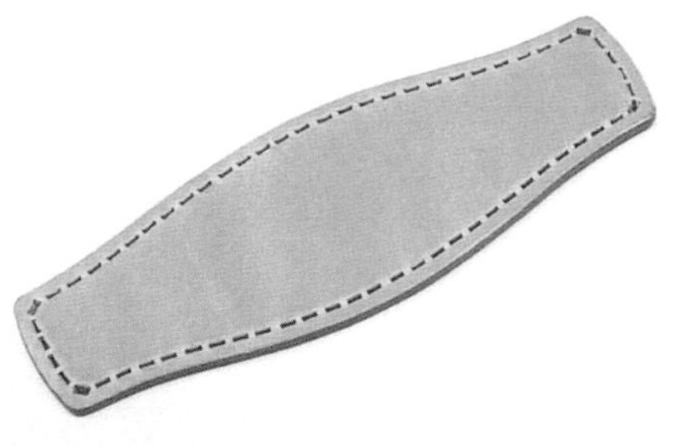

05 照片中為斬打孔洞後的狀態。依據滾邊類型或角度決定轉角的繞縫密度，角度較平緩時繞縫2次即可。打好孔洞後打磨皮料邊緣。

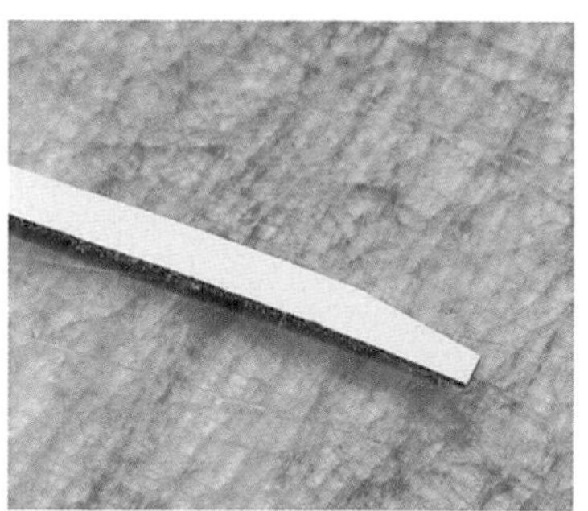

06 斜切袋鼠皮繩端部，製作單繩滾邊時準備長約繞縫距離6倍的皮繩。

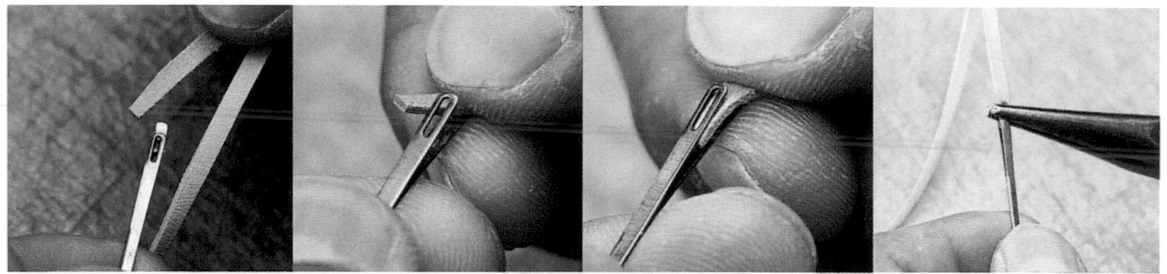

07 以皮繩針夾住皮繩。皮繩針夾住步驟 **06** 斜切的皮繩端部。以卡榫部位卡住皮面層，再以尖嘴鉗等工具夾緊，只有一端夾著皮繩針。

滾邊起點

準備好針和皮繩後開始滾邊。
由直線部位開始滾邊，終點便可以處理得更漂亮。

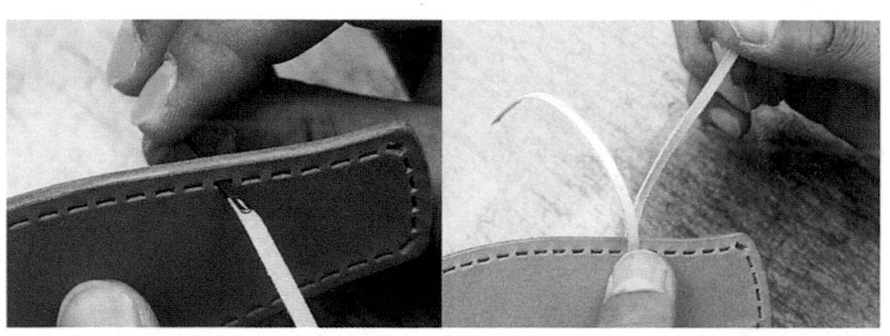

01 從直線部位開始滾邊。針由皮面層側穿入孔洞，終點預留約10cm。在皮面層朝上的狀態下滾邊，因此將針由皮面層側穿向肉面層。

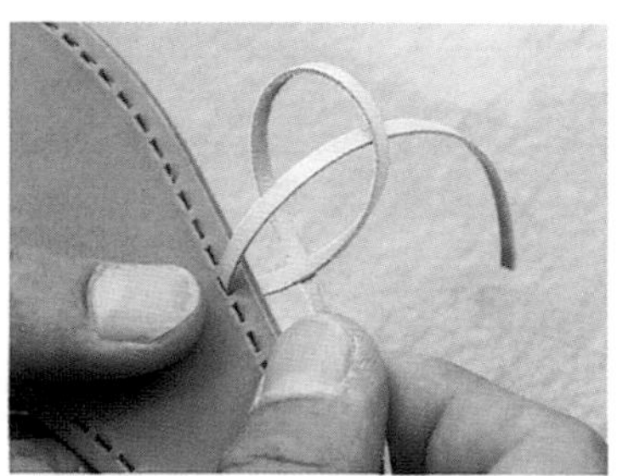

02 往步驟 **01** 預留的皮繩上繞一圈。

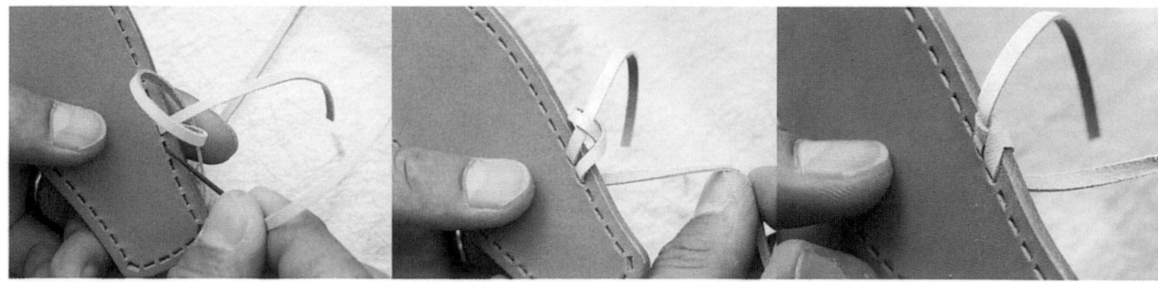

03 在步驟 **02** 的狀態下，將針插入下一個孔洞後拉緊皮繩。形成往預留的皮繩繞一圈後的狀態。

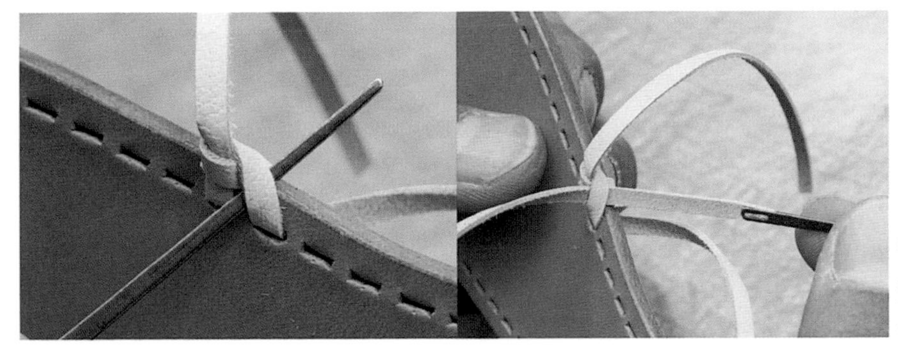

04

將針穿過步驟 **03** 繞縫的皮繩下方。此滾邊法因在過程中只繞縫一條皮繩而稱為單繩滾邊。

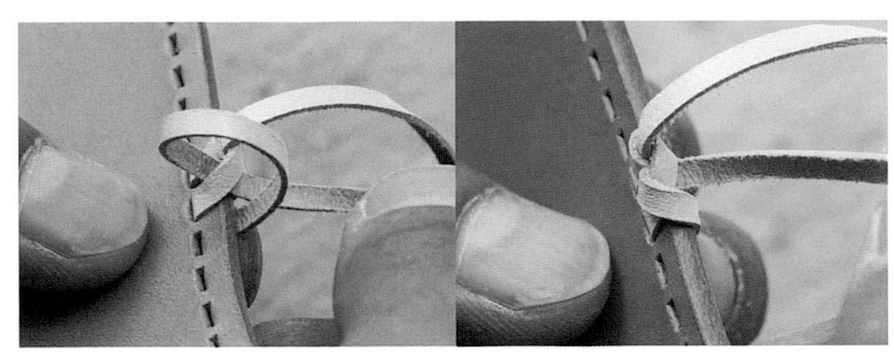

05

拉緊皮繩後形成照片中的狀態。

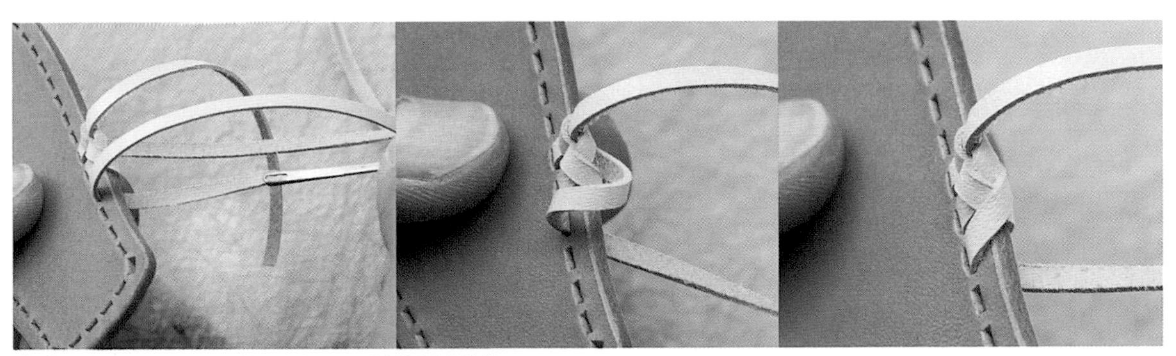

06

將針穿過下一個孔洞。拉緊縫線後又形成步驟 **03** 的狀態。

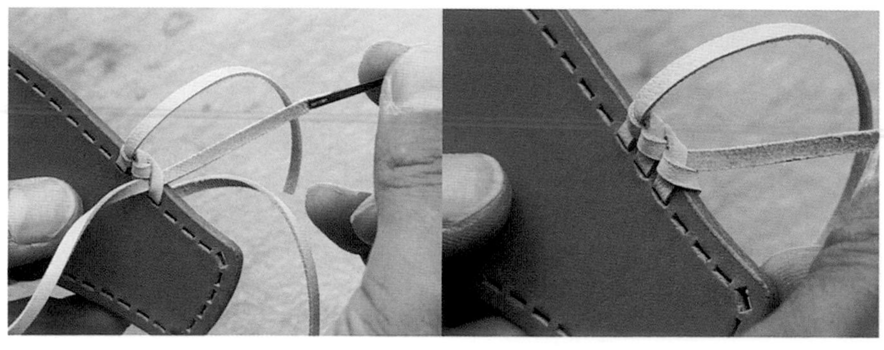

07

將針穿過步驟 **06** 繞縫的皮繩下方。接下來只須反覆步驟 **06** 和 **07**。

轉角

轉角狀態越接近直角時，滾邊次數太少的話，易形成空隙，無法處理出緊密結實的滾邊狀態。
製作本作品時轉角的孔洞繞縫3次皮繩。請依據作品形狀調整滾邊次數。

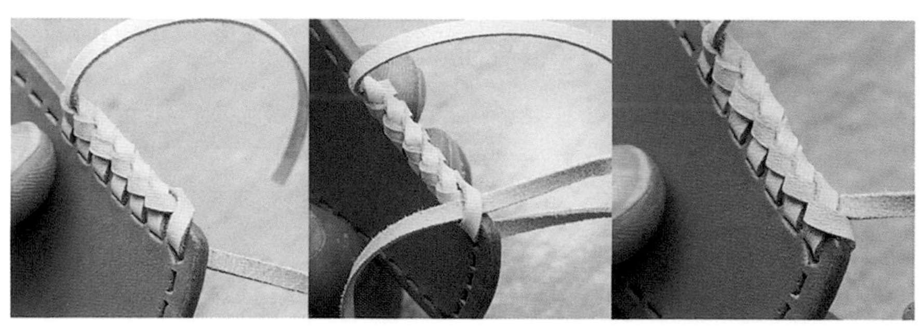

01

直線或轉角滾邊法基本上大同小異。轉角的孔洞先繞縫1次皮繩。

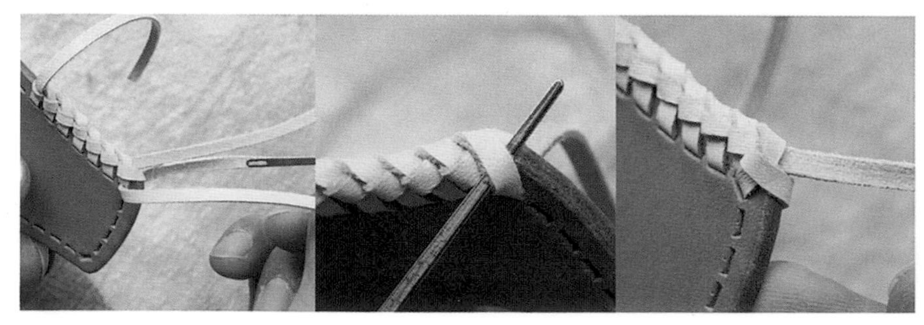

02

針再次插入同一個孔洞後繞縫，孔洞上漸漸地呈現出滾邊效果。

POINT

03 繞縫第3次皮繩，針難以穿過孔洞時，建議以皮繩錐撐開孔洞。

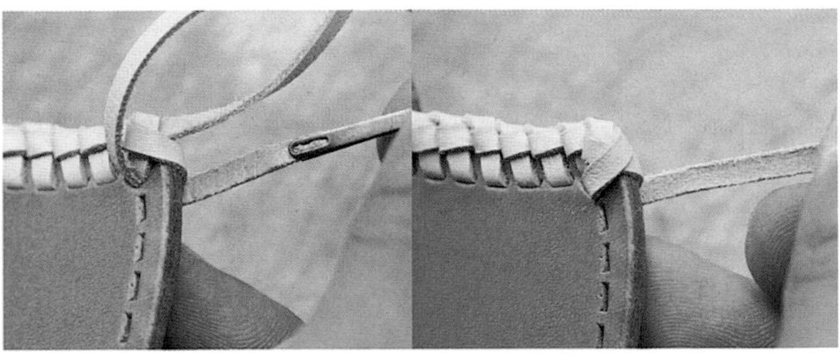

04 針再次穿過孔洞，難以穿過孔洞時，如步驟 **03** ，以皮繩錐撐開孔洞。

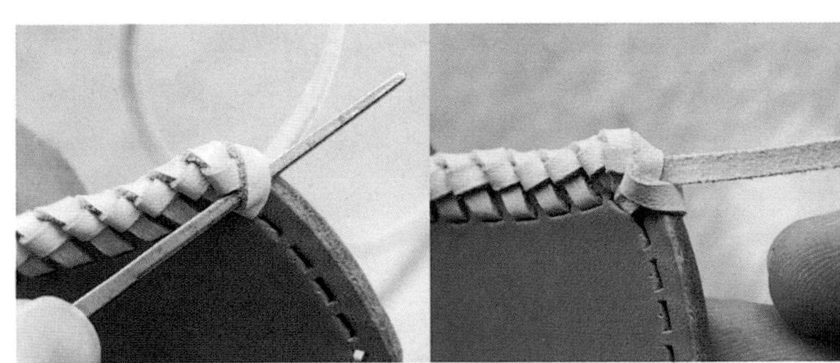

05 將針穿過步驟 **04** 繞縫的皮繩下方，完成第3次滾邊。

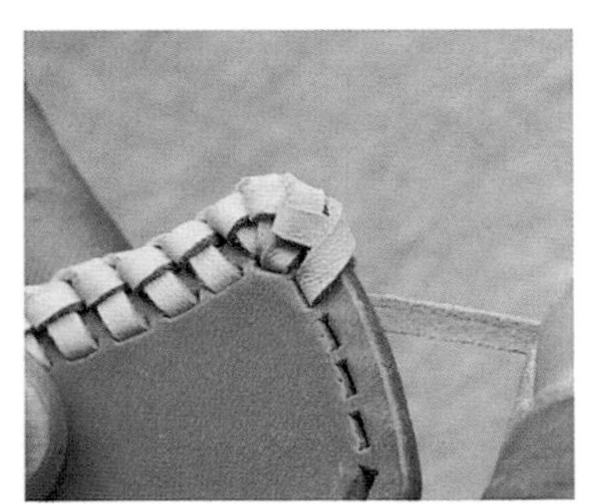

06 轉角的孔洞繞縫3次後將針穿過下一孔。

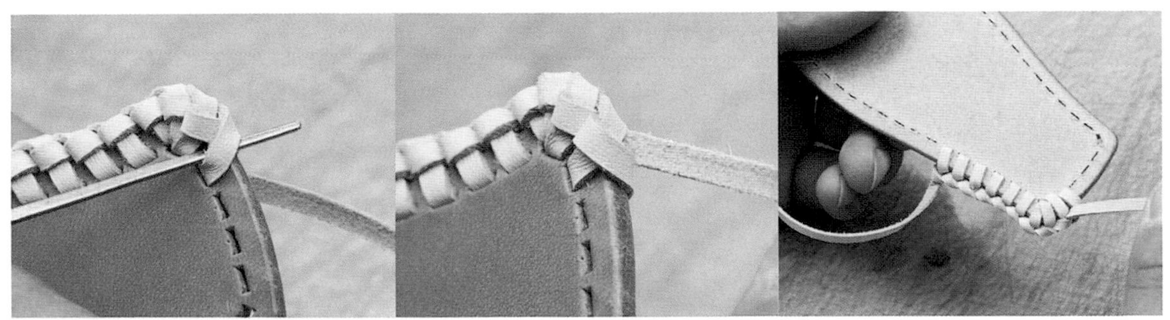

07 如先前作法，將針穿過皮繩下方，然後反覆步驟 **06** 和 **07** ，依序完成滾邊作業。滾邊3次後就不會形成空隙，可將轉角處理得很挺拔。

滾邊終點

最後介紹滾邊終點的皮繩端部處理方法。
為了看清處理步驟，滾邊起點使用黑色皮繩。

01 滾邊至最後一個縫孔後，由皮面層拉出滾邊起點繞縫的皮繩。

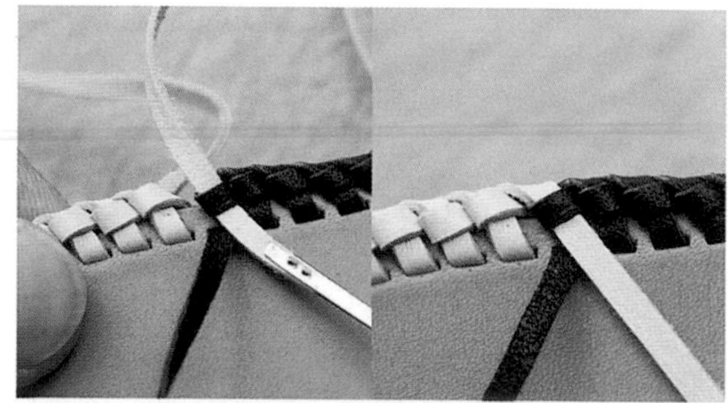

02 針由上往下穿過步驟 01 拉出皮繩後形成的鬆環。

POINT

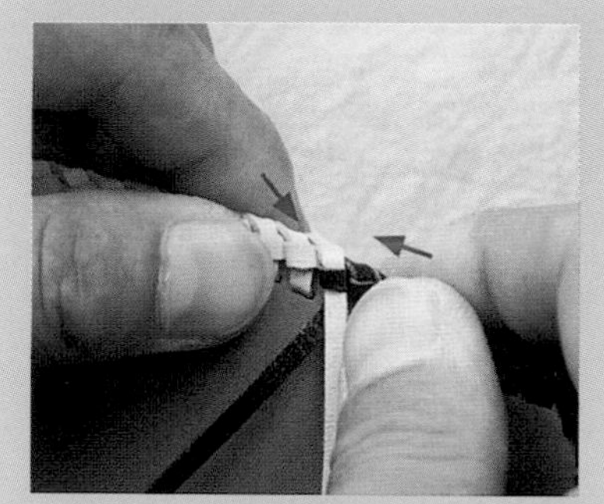

03 步驟 02 穿過皮繩後，用手將滾邊針目往中間推以填滿空隙。

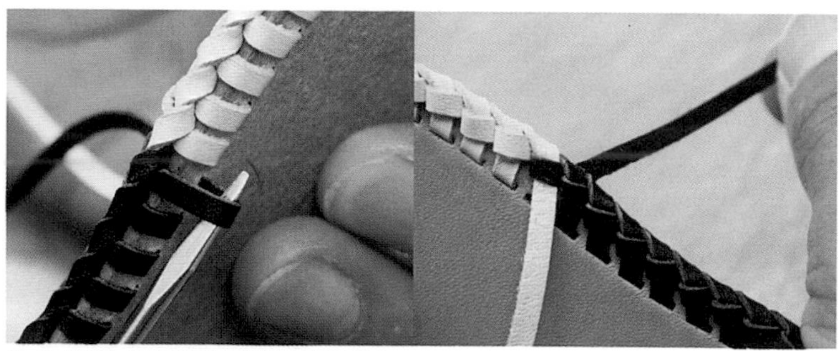

04 接著由肉面層側拉出滾邊起點繞縫的皮繩。

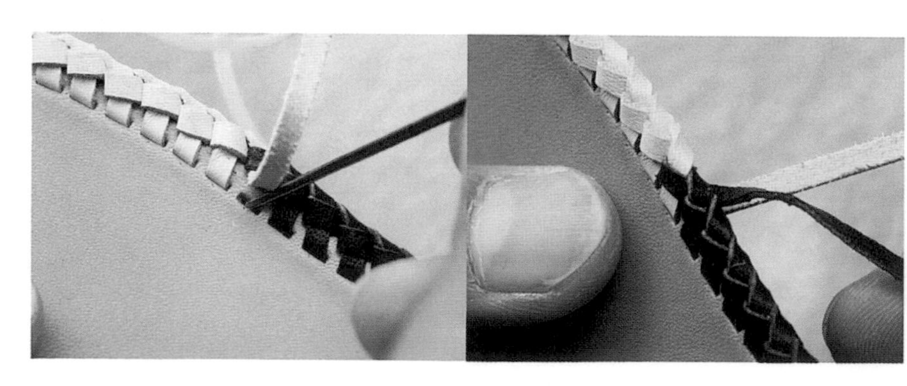

05 步驟 04 拉出皮繩後就空出滾邊起點的孔洞。將針穿過該孔洞。

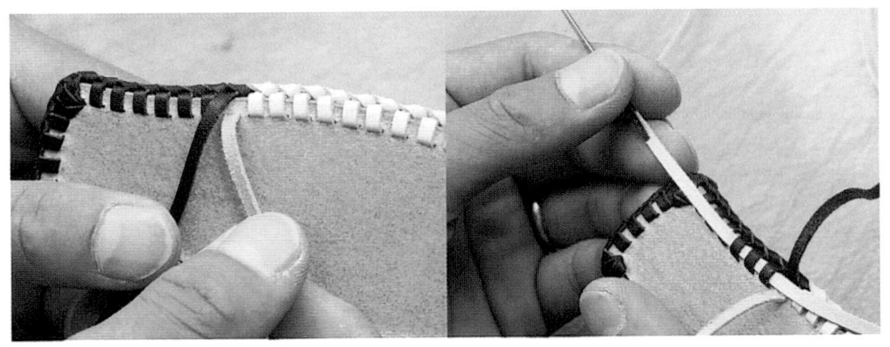

06

步驟 **05** 將針穿過孔洞後，滾邊起點和終點的皮繩出現在肉面層側。將針穿過滾邊起點繞縫的3條皮繩。

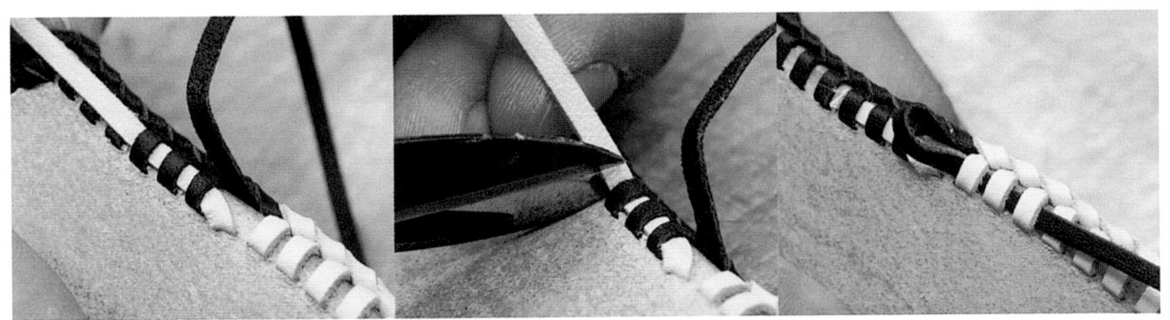

07

穿過皮繩後確實拉緊，再以剪刀剪斷。將針夾在滾邊起點預留的皮繩端部，以相同要領將針穿過滾邊終點繞縫的3條皮繩。

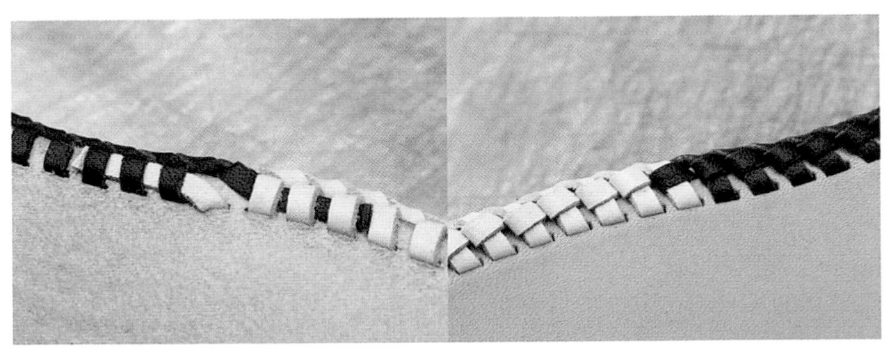

08

剪斷皮繩，藏起單繩滾邊作品的皮繩端部。

DOUBLE LOOP LACING

雙繩滾邊

由2條皮繩穿插繞縫後完成的雙繩滾邊。
最基本的皮繩滾邊法，最好牢牢地記下作法。

滾邊起點

採雙繩滾邊時必須準備長度為滾邊距離7～8倍的皮繩。
皮繩長度亦因皮料厚度而不同，本單元使用厚3mm的皮繩。

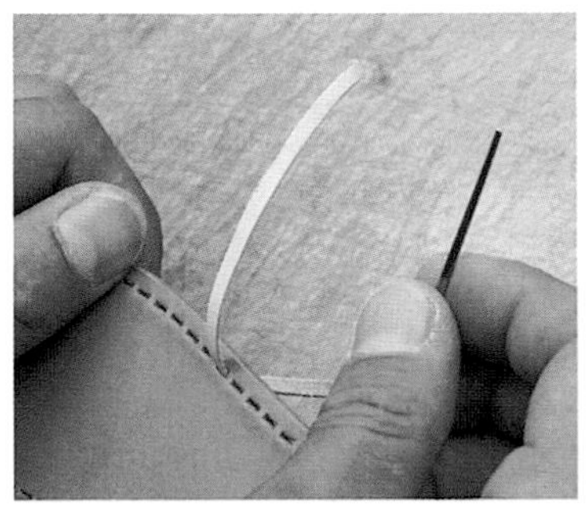

01 針穿過第一個孔洞後拉緊皮繩，皮繩端部預留約10cm。

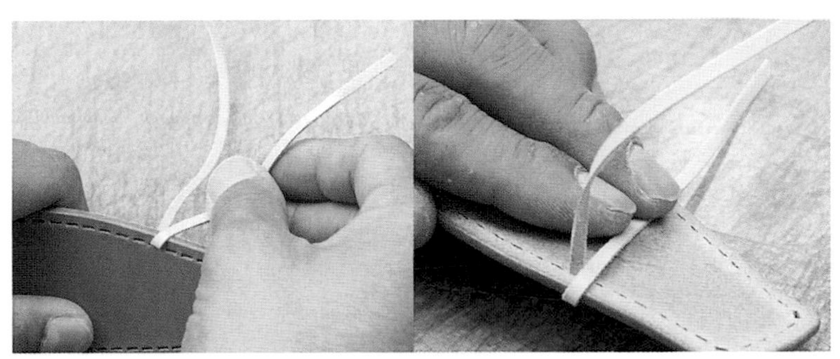

02 步驟 **01** 預留的皮繩端部倒向肉面層後用手指壓住。

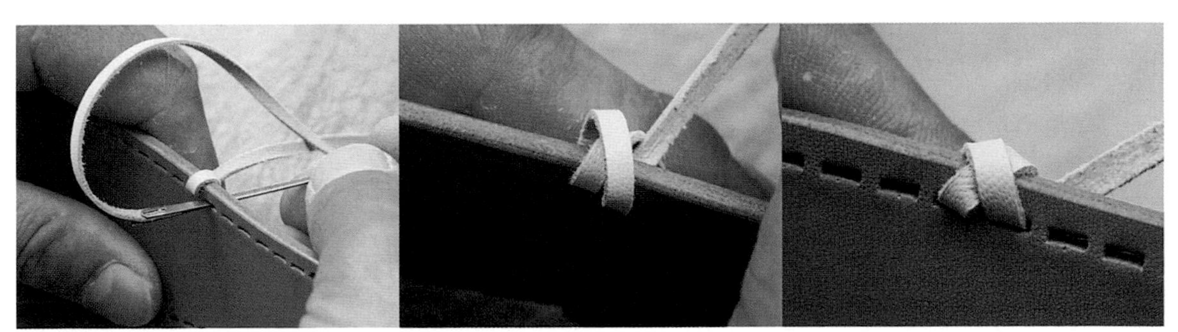

03 維持步驟 **02** 的狀態，將針穿過下一個孔洞後拉緊皮繩，和先前繞縫的皮繩呈交叉狀態。

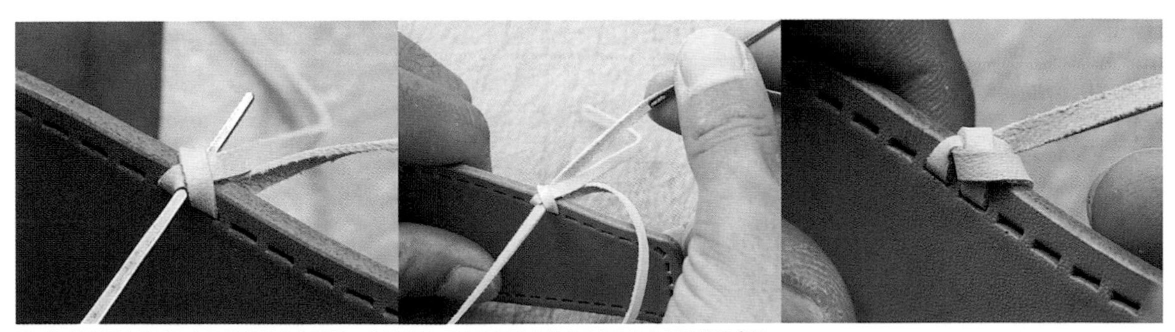

04 針穿過步驟 **03** 交叉繞縫部位後拉緊。此滾邊法因滾邊過程中將針穿過2條交叉繞縫的皮繩而稱為雙繩滾邊。

05
將針穿過下一個孔洞後拉緊皮繩。

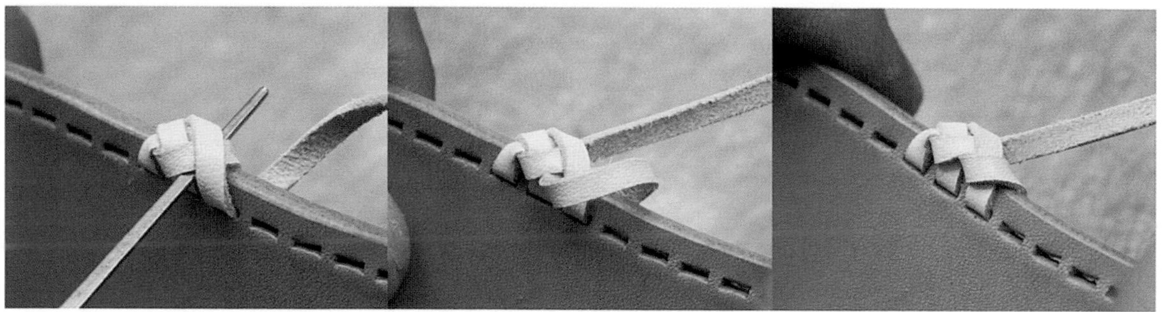

06 再次將針穿過步驟 05 交叉繞縫部位的中心點。反覆步驟 05 和 06 完成後續滾邊作業。

轉角

和單繩滾邊一樣，雙繩滾邊的轉角也繞縫3次皮繩。
採用雙繩滾邊當然比單繩滾邊更容易營造出份量感。

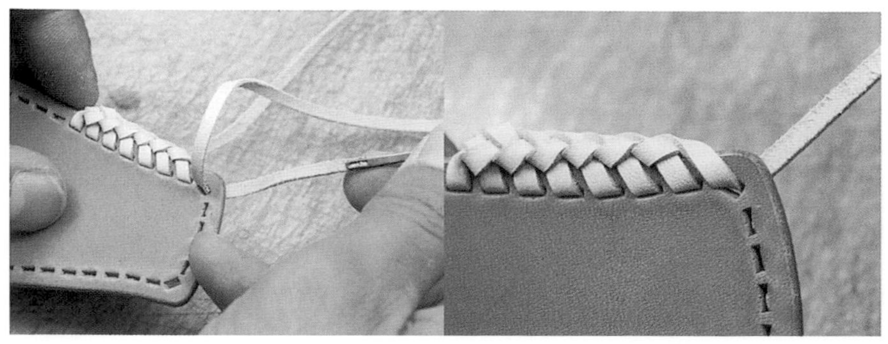

01
將針穿過轉角的孔洞後拉緊皮繩。

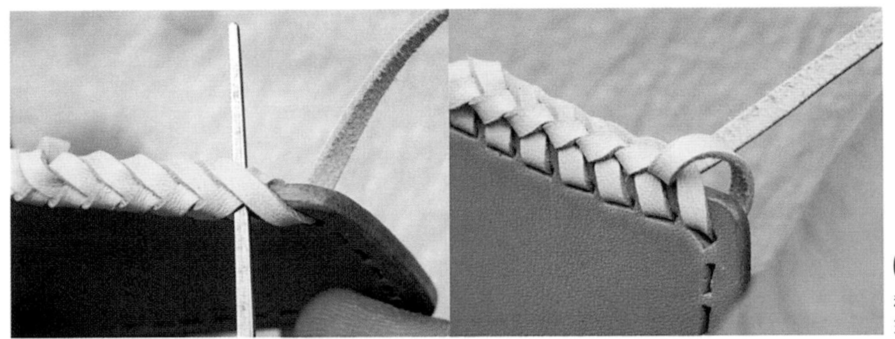

02

和直線部位滾邊時一樣，將針穿過交叉繞縫部位的中心點。

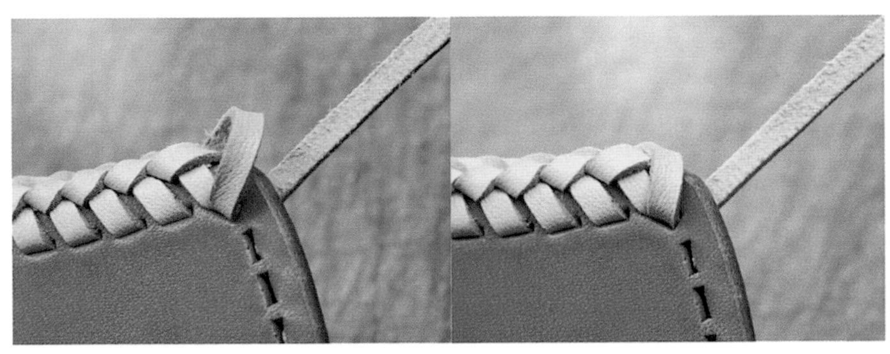

03

再次將針穿過轉角的孔洞後拉緊皮繩。

04

和步驟 02 一樣，將針穿過交叉繞縫的中心點。

POINT

05 繞縫第3次皮繩，針難以穿過孔洞時，建議以皮繩錐撐開孔洞。

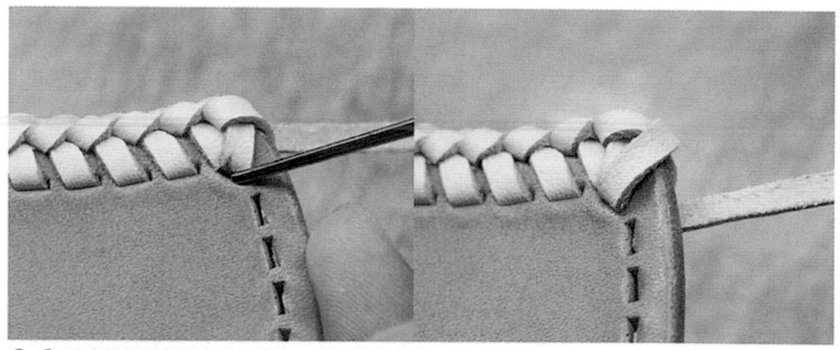

06 以皮繩錐撐開轉角的孔洞後，再次將針穿過孔洞，拉緊皮繩。

07

將針穿過交叉繞縫部位。完成轉角的第3次滾邊作業。

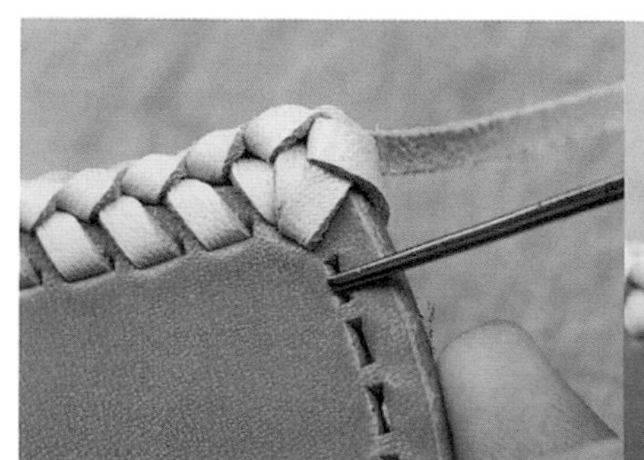

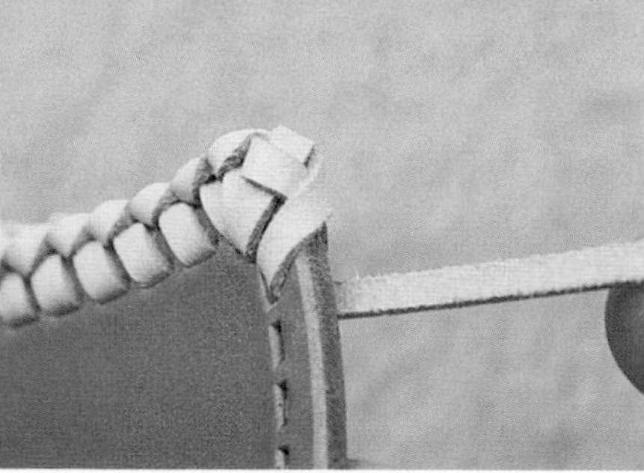

08

接著將針穿過下一個孔洞，再以前述要領完成雙繩滾邊作業。

滾邊終點

採用雙繩滾邊比單繩滾邊需要多花一些時間處理皮繩端部。
一個步驟都不能馬虎，慎重處理以免將拉出皮繩的孔洞數弄錯。

01
滾邊至最後一個孔洞後，由皮面層側拉出滾邊起點的皮繩端部。

02 從肉面層側拉出皮繩後就空出滾邊起點的孔洞。

03 再次由皮面層拉出滾邊起點的皮繩後即形成鬆環。此時以滾邊終點的皮繩繞縫步驟 **02** 空出的孔洞。

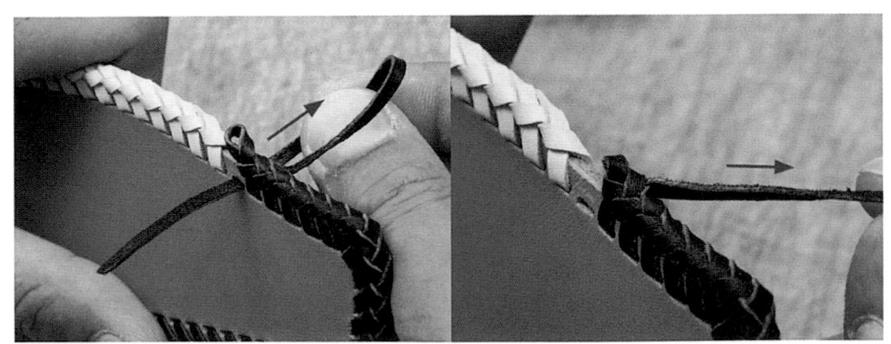

04
繞縫後再次由肉面層拉出滾邊起點的皮繩。拉出皮繩後再用力一拉，步驟 **03** 形成的鬆環便自動消失。

05 步驟 **04** 拉緊皮繩，鬆環消失後，再次形成鬆環。將原本由肉面層拉緊的皮繩拉向皮面層。

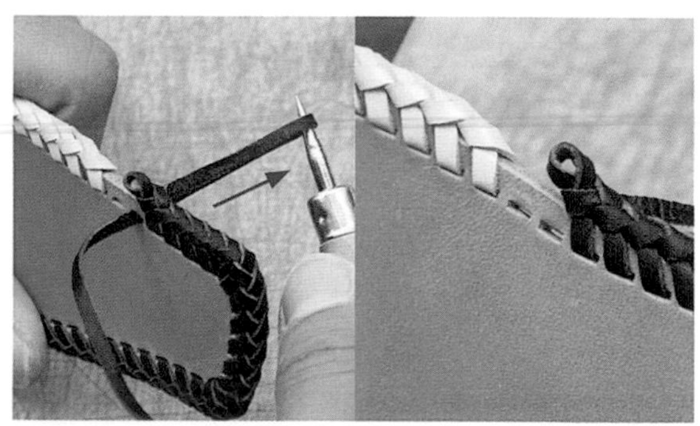

06 再由肉面層側拉出皮繩就會空出2個孔洞。

07
將針穿過第一個孔洞後拉緊皮繩。

08
針由下往上穿過步驟 **05** 形成的鬆環後拉緊皮繩。

09 如先前作法，將針穿過交叉繞縫的中心點。

POINT

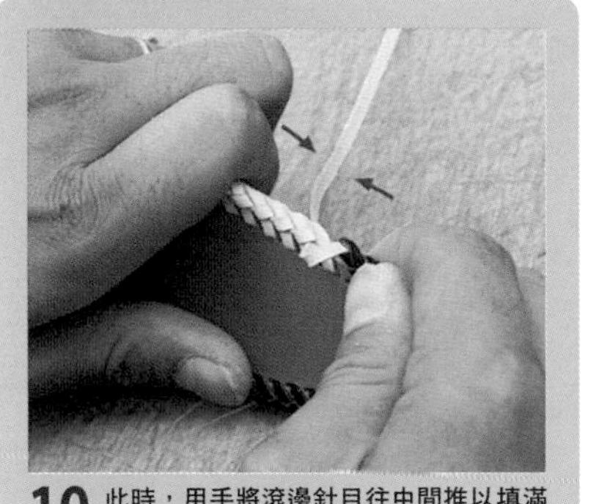

10 此時，用手將滾邊針目往中間推以填滿空隙。

11 由上往下，將針穿過步驟 **08** 穿過的鬆環，再穿過最後一個孔洞。如此一來，皮繩兩端就會出現在肉面層側。

12 將終點的皮繩端部穿過起點的針目，將起點的皮繩端部穿過終點的針目，分別穿過3條。

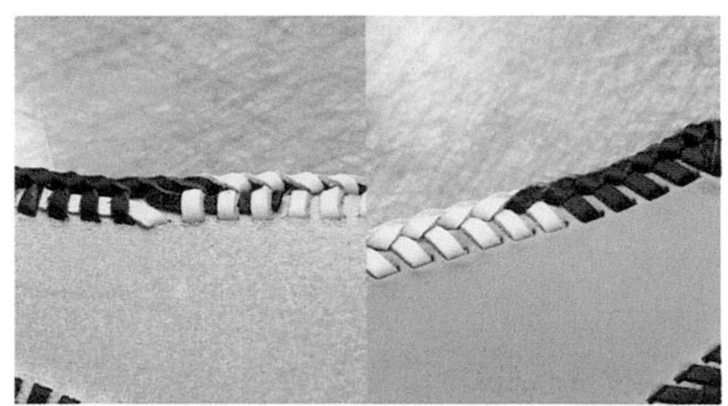

13 剪斷皮繩，處理好皮繩端部。

TRIPLE LOOP LACING

三繩滾邊

三繩滾邊是最容易營造出份量感的滾邊法。
滾邊終點處理起來耗工費時，建議依照順序仔細地完成每一個步驟。

滾邊起點

三繩滾邊起點和單繩、雙繩大不相同，必須在皮繩回繞一個孔洞的狀態下開始。
準備長約滾邊距離9～10倍的皮繩吧！

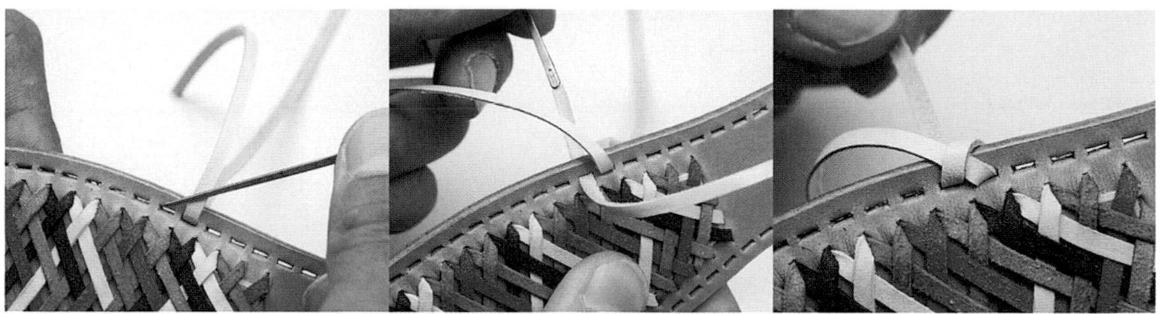

01 將皮繩穿過第一個孔洞後預留約10cm。和行進方向相反，將針穿過前一個孔洞後拉緊皮繩，形成交叉繞縫狀態。此時預留的皮繩端部是朝向行進方向的反方向。

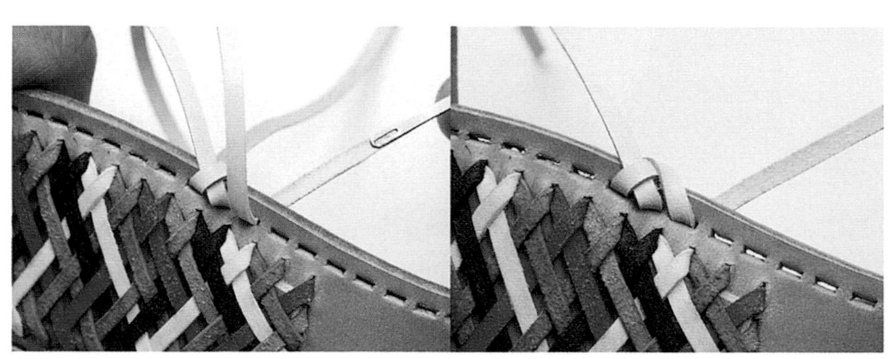

02
將皮繩穿過行進方向的第二個孔洞。形成步驟 **01** 交叉繞縫的皮繩上又重疊另一條皮繩之狀態。

03 將針穿過交叉繞縫的皮繩下方。穿過步驟 **01** 交叉繞縫和步驟 **02** 皮繩下方。因為在滾邊過程中不斷繞縫這三條皮繩而稱為三繩滾邊。

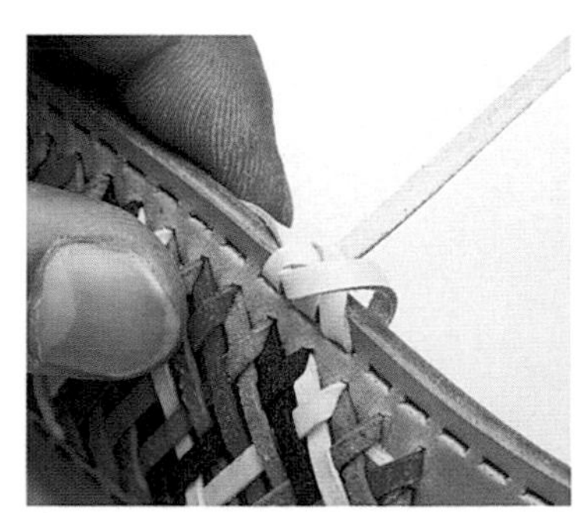

04 針穿過正確位置後拉緊皮繩。

05 將針穿過下一個孔洞後拉緊皮繩。

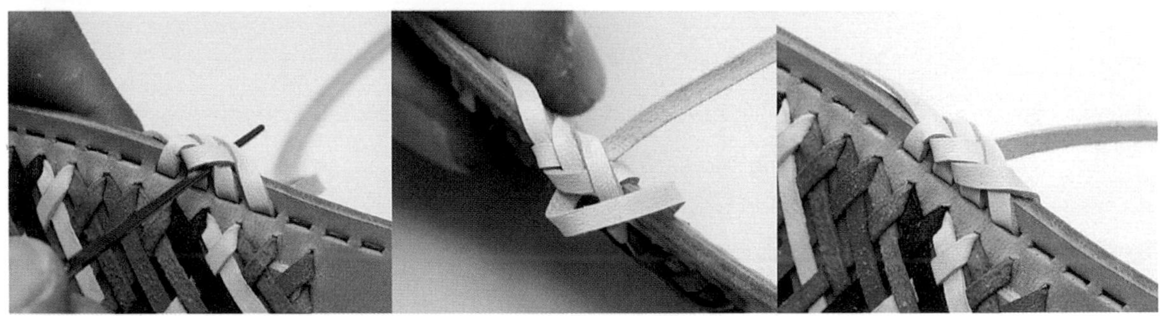

06 如同步驟 03，針穿過交叉繞縫的皮繩下方後拉緊。反覆步驟 05 和 06 以完成滾邊作業。

轉角

以三繩滾邊遠比以單繩、雙繩滾邊來得厚實。
因此，轉角處和兩側的孔洞分別繞縫2次皮繩以分散厚度。

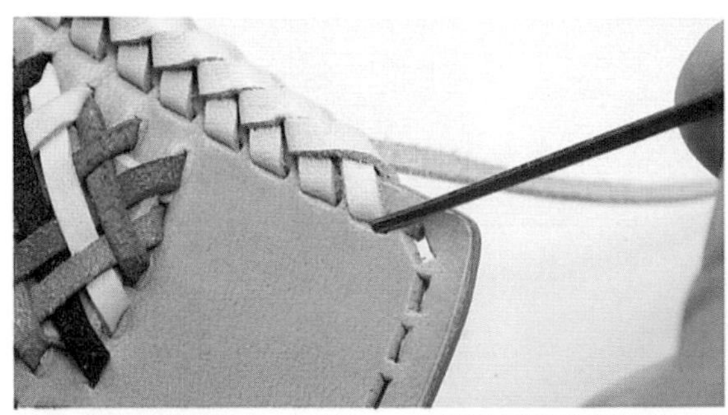

01 將針穿過轉角的前一個孔洞。一孔滾縫2次皮繩時就算不擴大孔洞，皮繩還是可以順利地穿過。

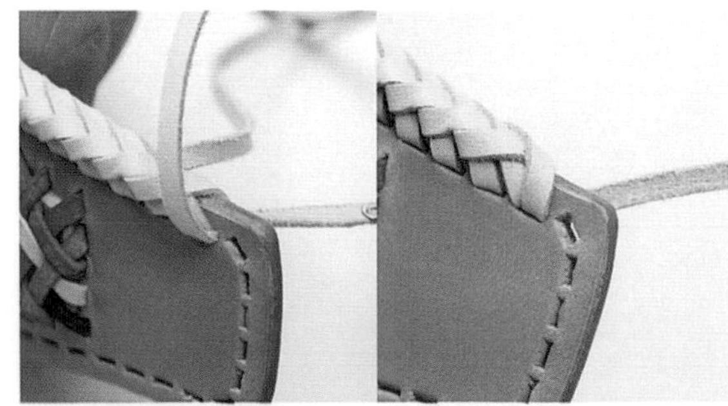

02 針穿過孔洞後拉緊皮繩。

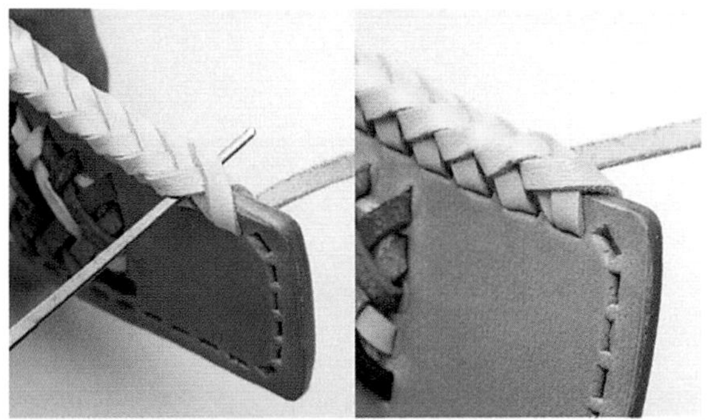

03 如先前作法，針穿過交叉部位下方後拉緊皮繩。

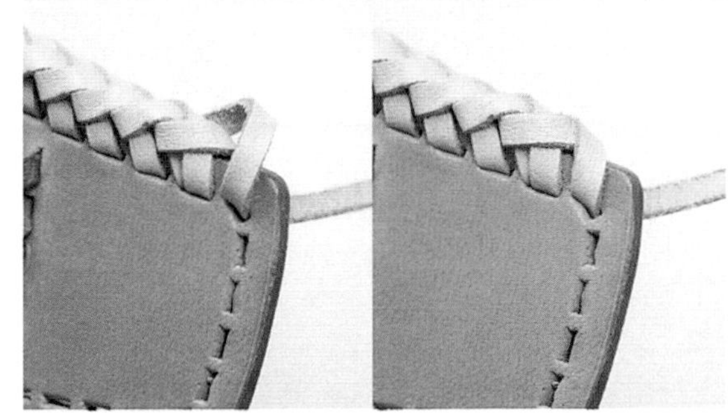

04 針穿過轉角的孔洞後拉緊皮繩。

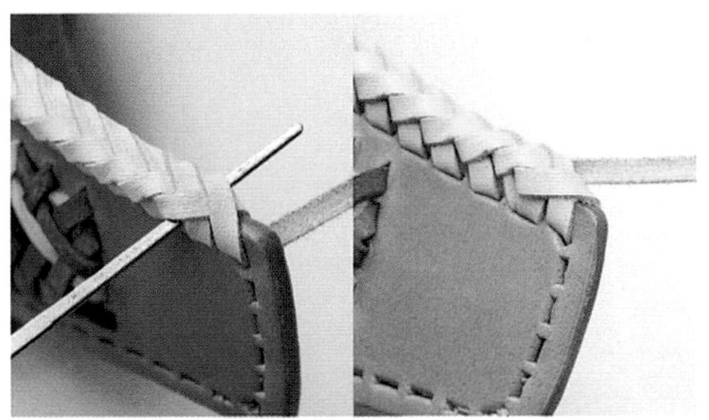

05 針插入交叉部位後帶著皮繩穿過孔洞。

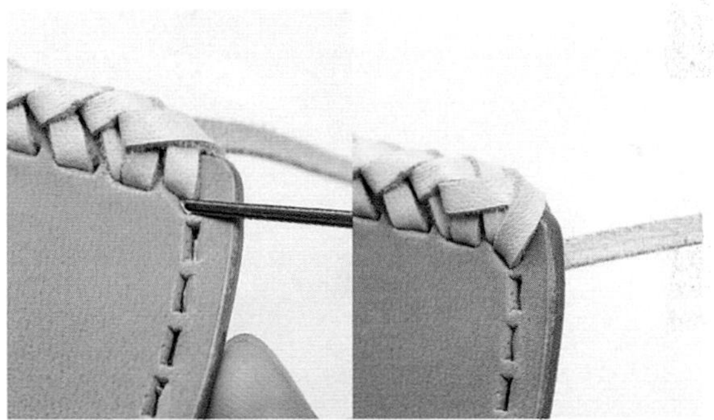

06 轉角的孔洞也繞縫2次皮繩。

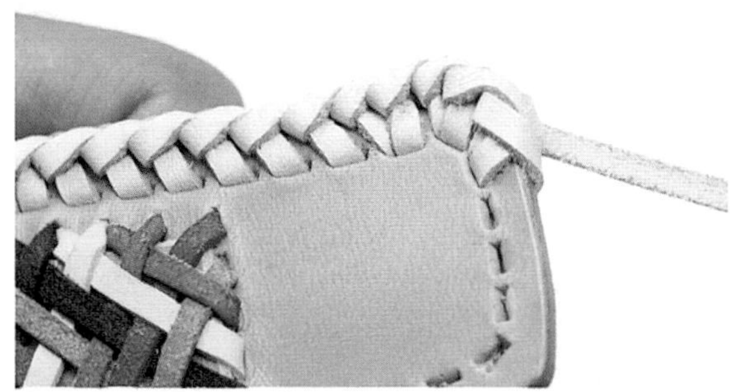

07 完成轉角的第2次滾邊後繞縫下一個孔洞。下一孔也繞縫2次。

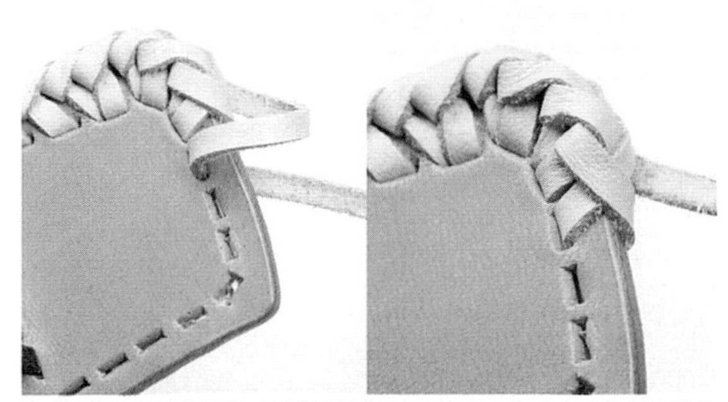

08 轉角和前後兩個孔洞分別繞縫2次皮繩後，依序完成後續滾邊作業。

滾邊終點

三繩滾邊終點的處理作業相當複雜，必須多次拉出先前繞縫的皮繩。
建議依照以下步驟依序完成以免弄錯。

01 先處理到由皮面層繞縫最後一個孔洞的狀態。

02 由皮面層拉出縫下第一針時的皮繩端部。也就是拉出繞縫在第二個孔洞的皮繩。

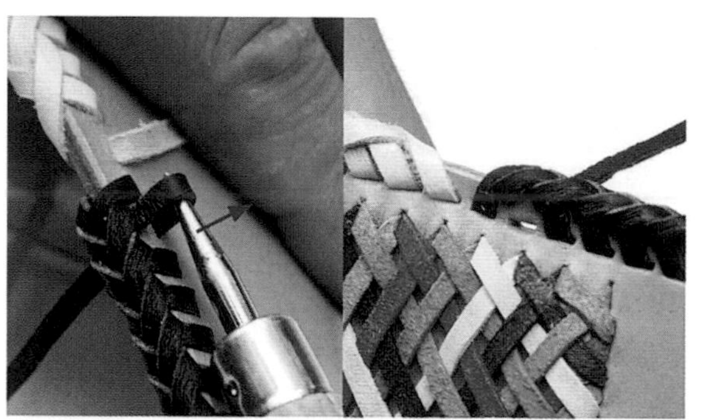

03 由肉面層拉出皮繩。拉出皮繩後就會空出縫第一針的孔。

04 接著由皮面層拉出皮繩。拉出後形成鬆環。

05 由肉面層拉出皮繩。拉出後空出兩個孔洞。

06
將步驟 **01** 穿過孔洞的針穿過交叉繞縫的皮繩下方。

07 將皮繩穿過下一個孔洞後依序完成三繩滾邊作業。

POINT

08 用手將滾邊針目往中間推以填滿空隙。

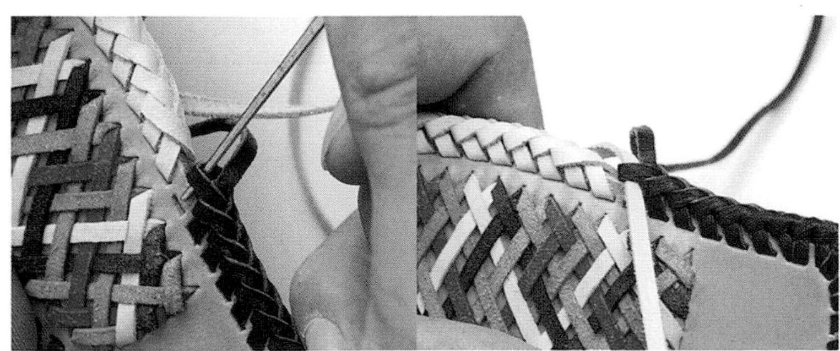

09 針由上往下穿過步驟 **04** 形成的鬆環。

10 針由皮面層穿過下一個孔洞。

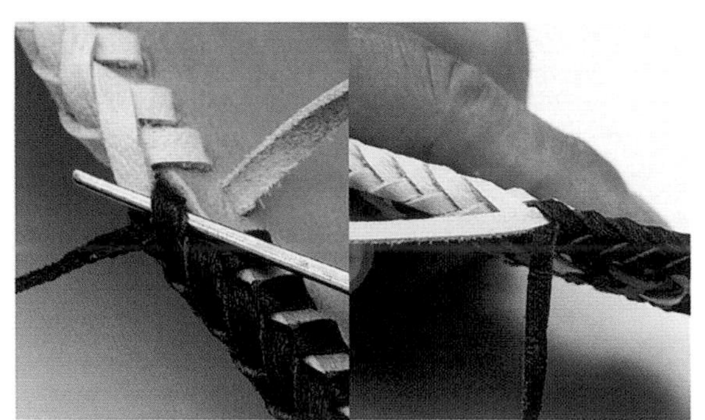

11 針穿向肉面層後由下往上穿過鬆環。

12 將穿向皮面層的針穿過交叉繞縫的皮繩下方。

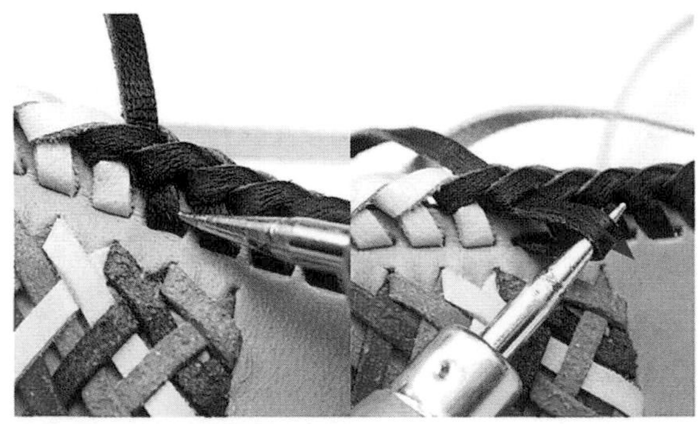

13 由皮面層拉出滾縫起點的皮繩。

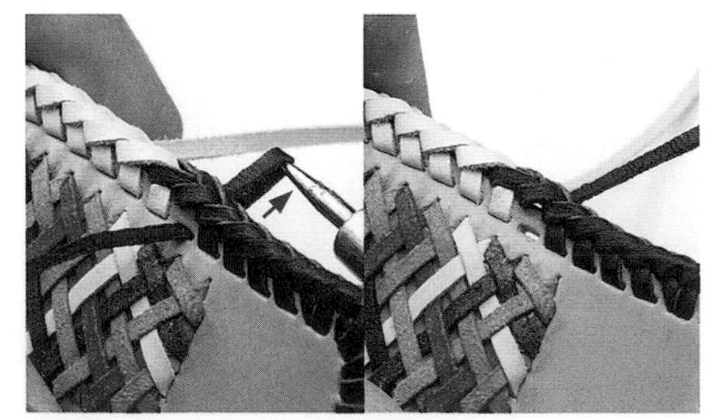

14 由肉面層拉出皮繩，又空出一個孔洞。

15 針穿過步驟 **13** 空出來的孔洞後拉緊皮繩。

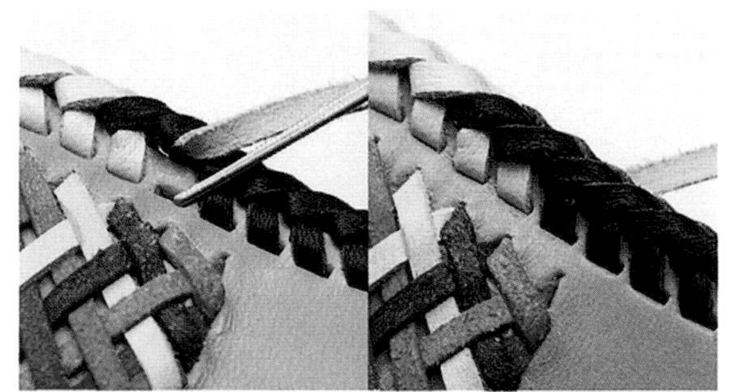

16 針穿過步驟 **14** 空出的孔洞後，皮繩兩端都穿向肉面層側。

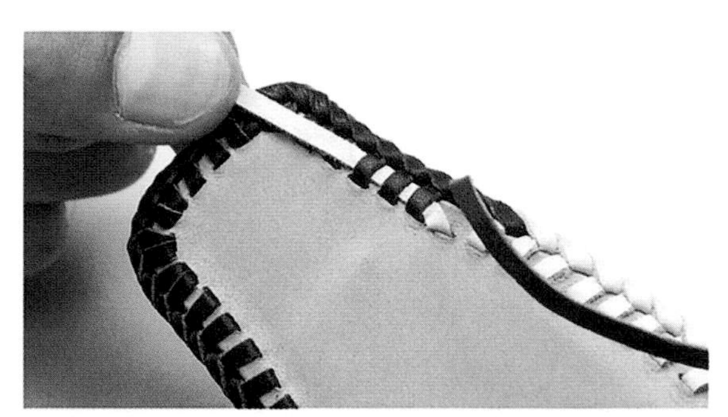

17 如同單、雙繩滾邊，將皮繩穿過皮料裡側的繞縫針目，再剪斷皮繩即完成終點處理作業。

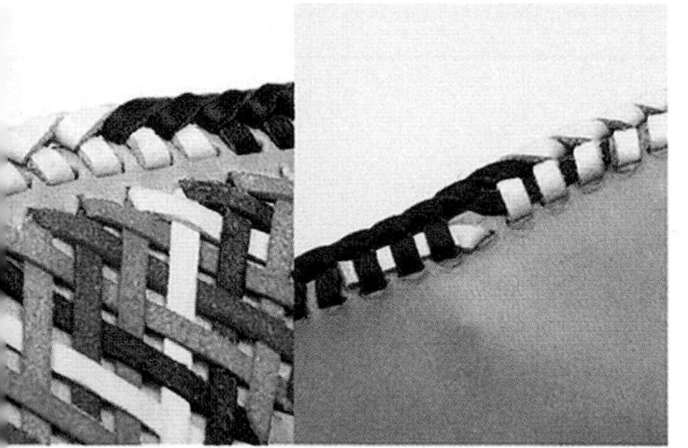

18 本單元介紹的都是最基本的皮繩端部固定方法。GRAND ZERO通常處理到完全看不出固定部位。

POINT

滾邊差異

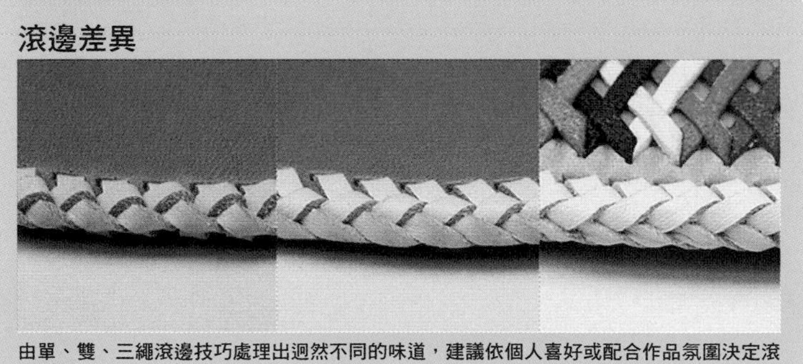

由單、雙、三繩滾邊技巧處理出迥然不同的味道，建議依個人喜好或配合作品氛圍決定滾邊條數。

SPANISH LACING

西班牙式滾邊

希望在兩片皮料上營造滾邊效果時建議採用西班牙式滾邊。
銜接皮料或滾邊終點的處理方法都非常簡單，一定要挑戰看看喔！

滾邊起點

西班牙式滾邊是最方便用於結合兩片皮料的滾邊方式。
本單元介紹內容也有涵蓋中途銜接皮料的技巧。繞縫12cm時需準備長約120cm的皮繩。

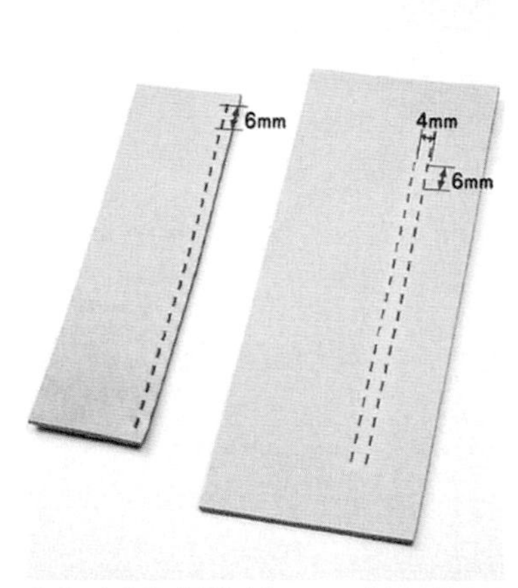

01 在此將孔距設定為6mm，右側皮料的兩排孔洞距離4mm。

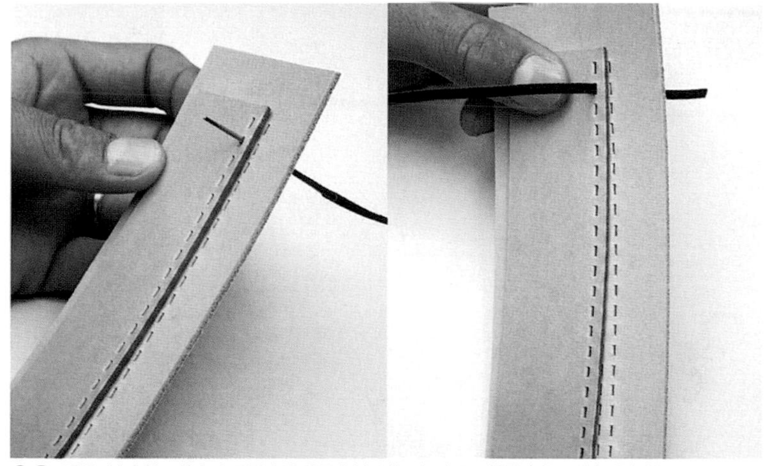

02 重疊2塊皮料，針由肉面層穿過重疊皮料的第二個孔洞。拉緊皮繩，端部預留約10cm。

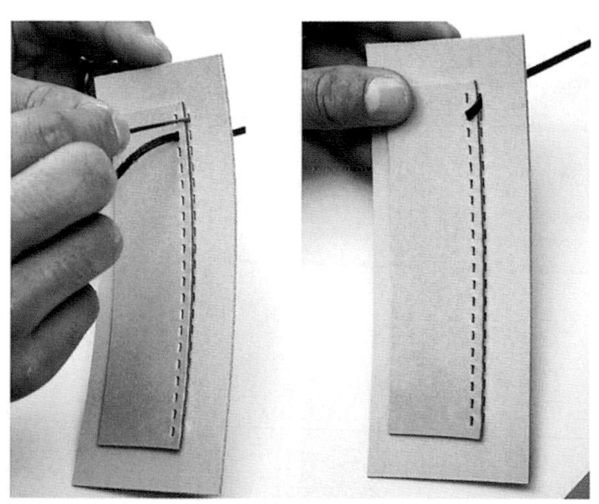

03 接著將針穿過下層皮料的第一個孔洞。

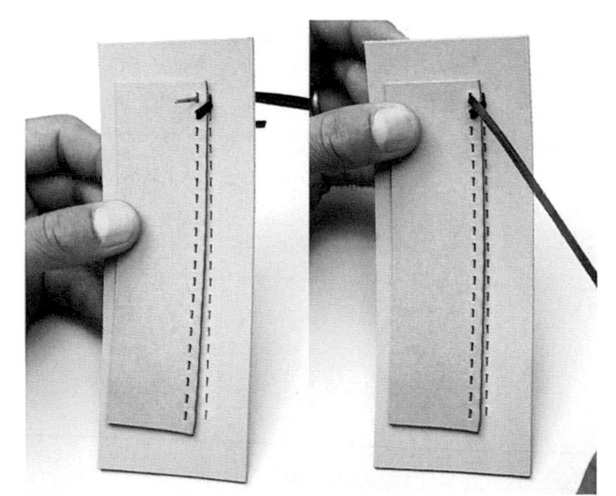

04 針由肉面層穿過重疊皮料的第一個孔洞。

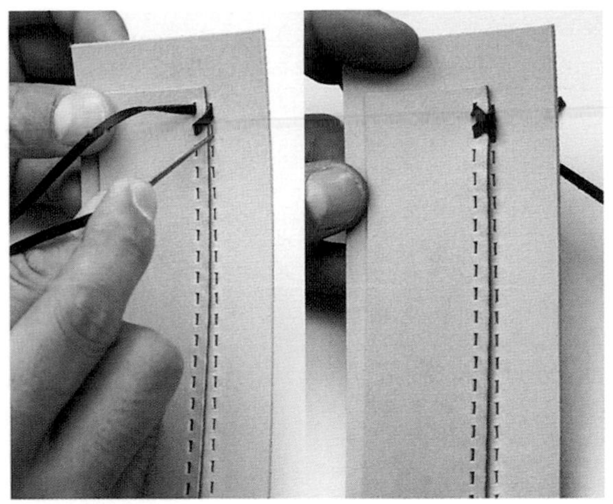

05 將針穿過下層皮料的第二個孔洞。

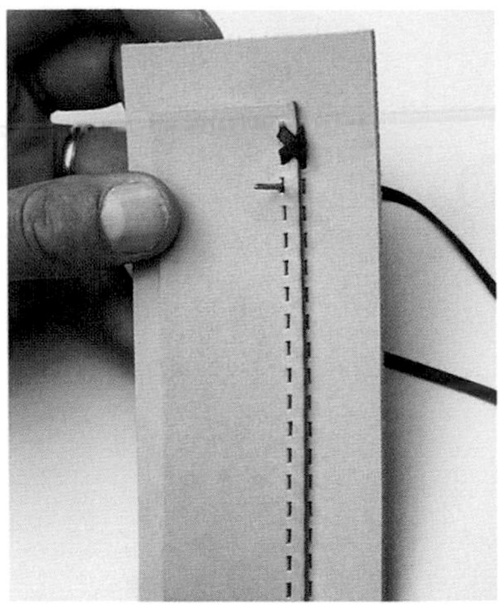

06 針由肉面層穿過重疊皮料的第三個孔洞。

POINT

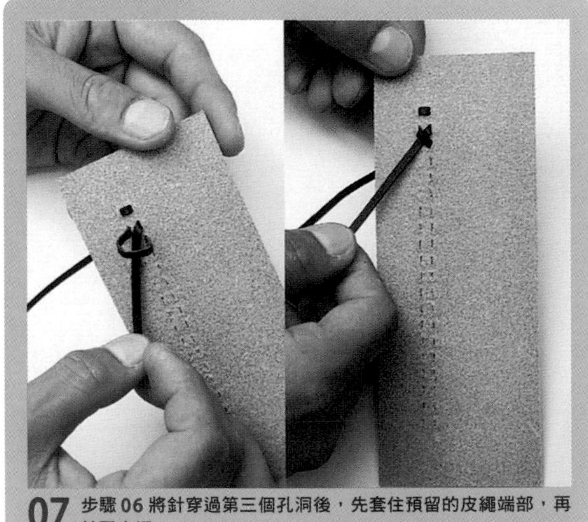

07 步驟 06 將針穿過第三個孔洞後，先套住預留的皮繩端部，再拉緊皮繩。

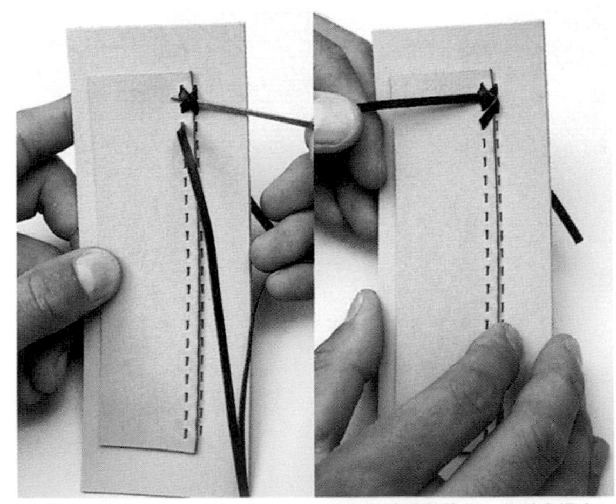

08 皮繩穿過第一和第二個孔洞，呈交叉滾縫狀態後，將針穿過交叉點。

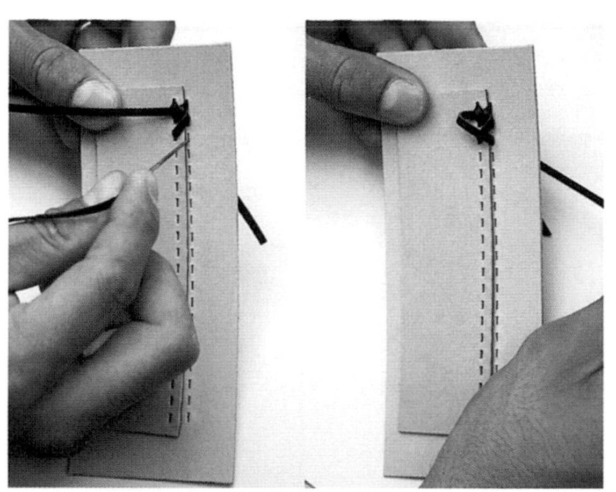

09 針穿過下層皮料的第三個孔洞。

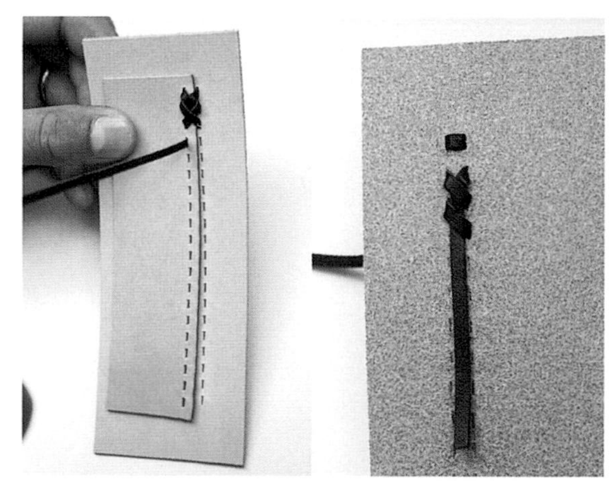

10 針由肉面層穿過重疊皮料的第四個孔洞，固定住皮繩端部。

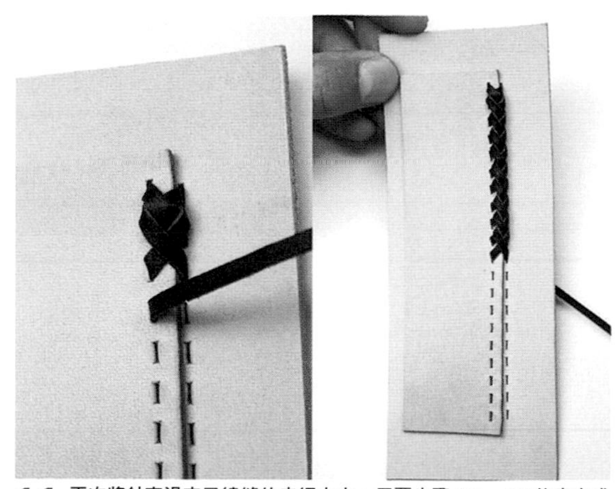

11 再次將針穿過交叉繞縫的皮繩中央，反覆步驟 08～10 依序完成滾邊作業。

滾邊終點

以下將說明第一次滾邊終點的皮繩端部處理方法。
能比採用單、雙繩滾邊處理出更漂亮的外觀。

01 繞縫至終點（皮繩穿向肉面層側的狀態）後，將針穿過肉面層側的繞縫針目（約5條）。

02 拉緊皮繩，再將針穿過繞縫針目，一直穿到滾邊起點的針目。皮料背面滾縫成一直線。

銜接法

中途銜接皮料依然可處理出漂亮的繞縫針目，
這是採用西班牙式滾邊的特徵之一。

03 修剪掉多餘的皮繩。

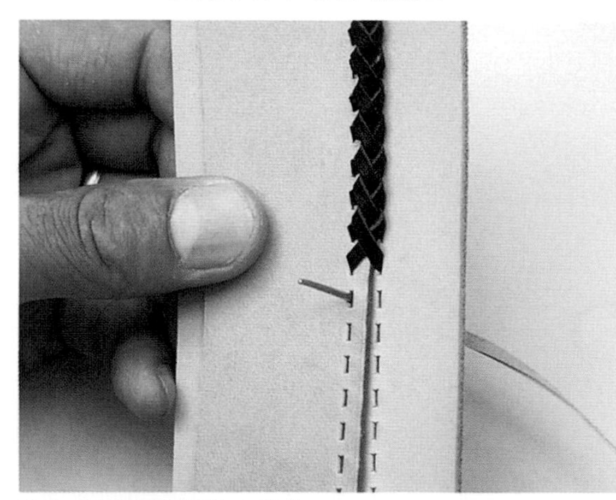

01 針由肉面層穿過第一個孔洞。

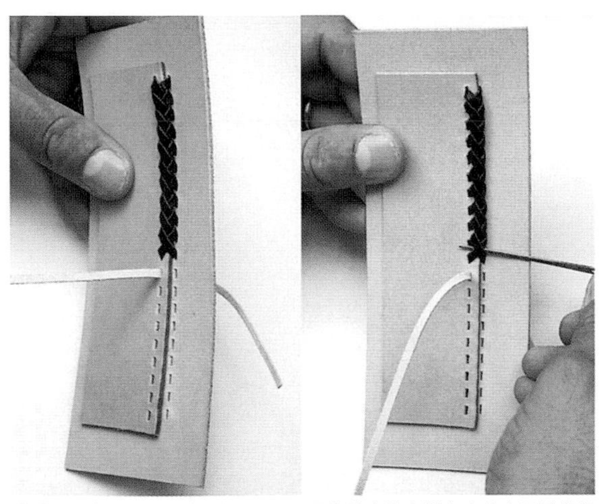

02 滾邊終點預留皮繩約10cm，再將針穿過皮料上方的交叉繞縫部位。

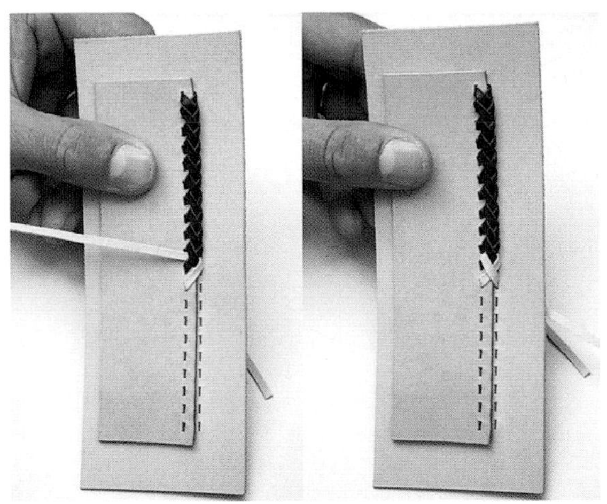

03 接著將針穿過下層皮料的第一個孔洞。

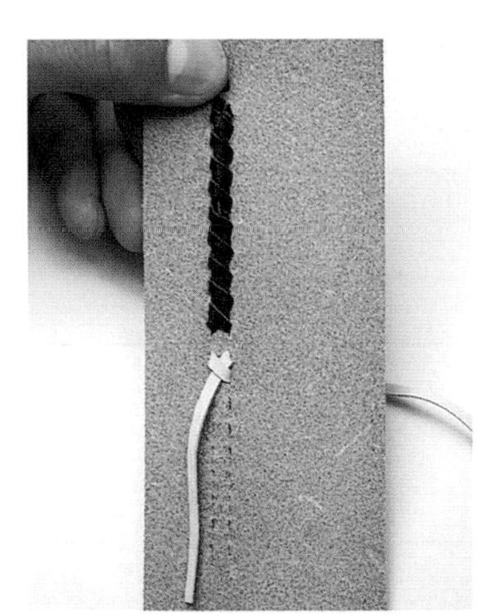

04 針穿過下層皮料的第二個孔洞，固定住預留的皮繩。

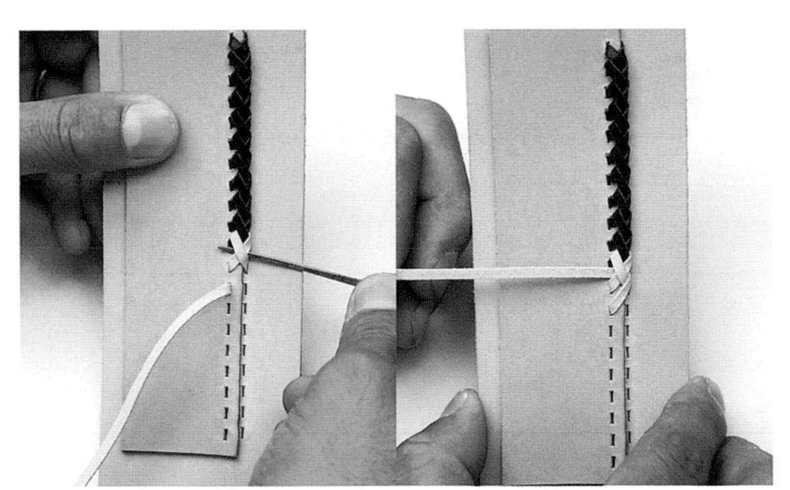

05 將針穿過皮繩的交叉點下方。

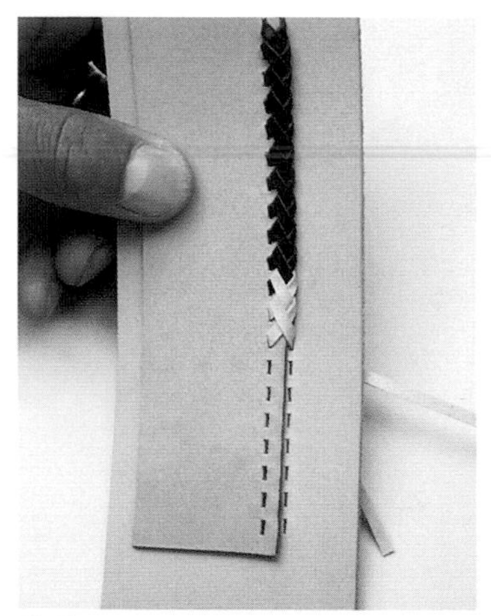

06 將針穿過下層皮料的第三個孔洞。反覆步驟 04～06 。

滾邊終點

再次介紹滾邊終點的皮繩端部處理方法。
貼近繞縫針目剪斷皮繩即可處理得更美觀。

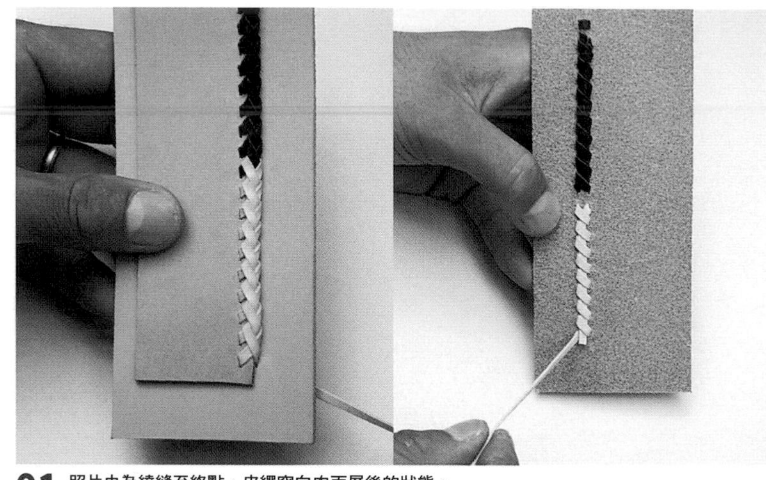

01 照片中為繞縫至終點，皮繩穿向肉面層後的狀態。

02 針穿過裡側的繞縫針目後拉緊皮繩。

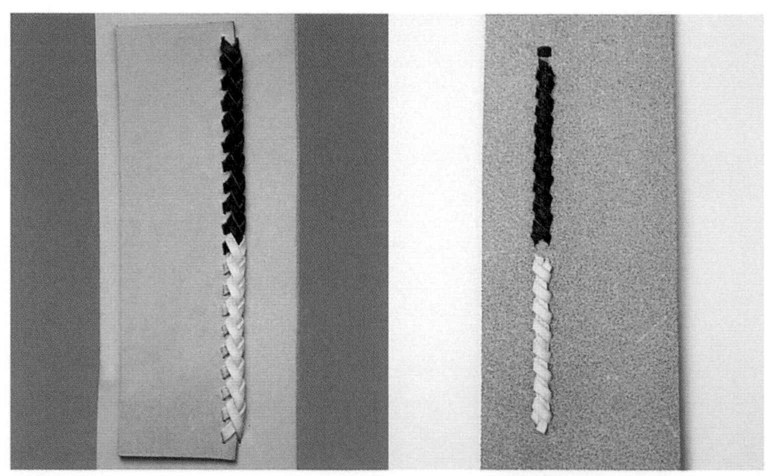

03 剪掉多餘的皮繩，完成滾邊作業。貼近繞縫針目剪斷皮繩即可將外觀修飾得更漂亮。

作品實例2
ITEM SAMPLE 2

本單元將介紹GRAND ZERO以滾邊技巧完成的作品或客戶訂製品，作品氛圍因創作者的設計構想而大不相同。

以滾邊技巧處理周邊，再加上四股圓編繩的蛇皮打火機袋。

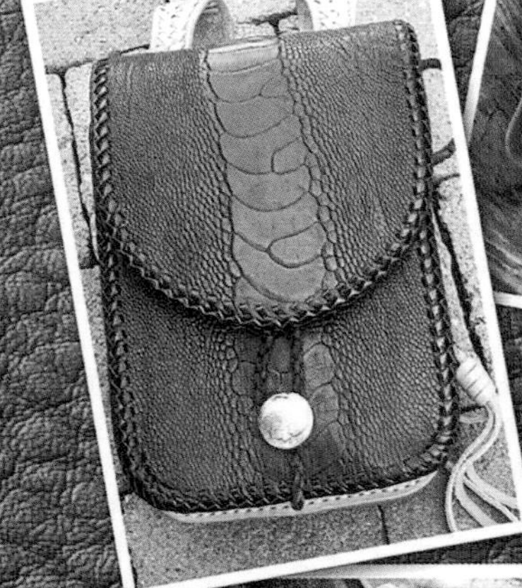

本體或包蓋加上皮繩滾邊的腰包。黏貼特殊皮料時，採用繞縫滾邊方式即可處理的精美。

以西班牙滾邊完成的記事本套，滾邊花樣巧妙地融合為設計造型的一部分。

本體、扣帶、束帶都滾邊的手機套。本體和滾邊都可欣賞到使用後的經年變化之美。

造型極簡的小型肩背包，加上滾邊元素後大幅提昇設計性。開合比線縫作品方便。

使用蛇皮的Frisk薄荷糖袋。
皮繩滾邊最適合搭配蛇皮素材。

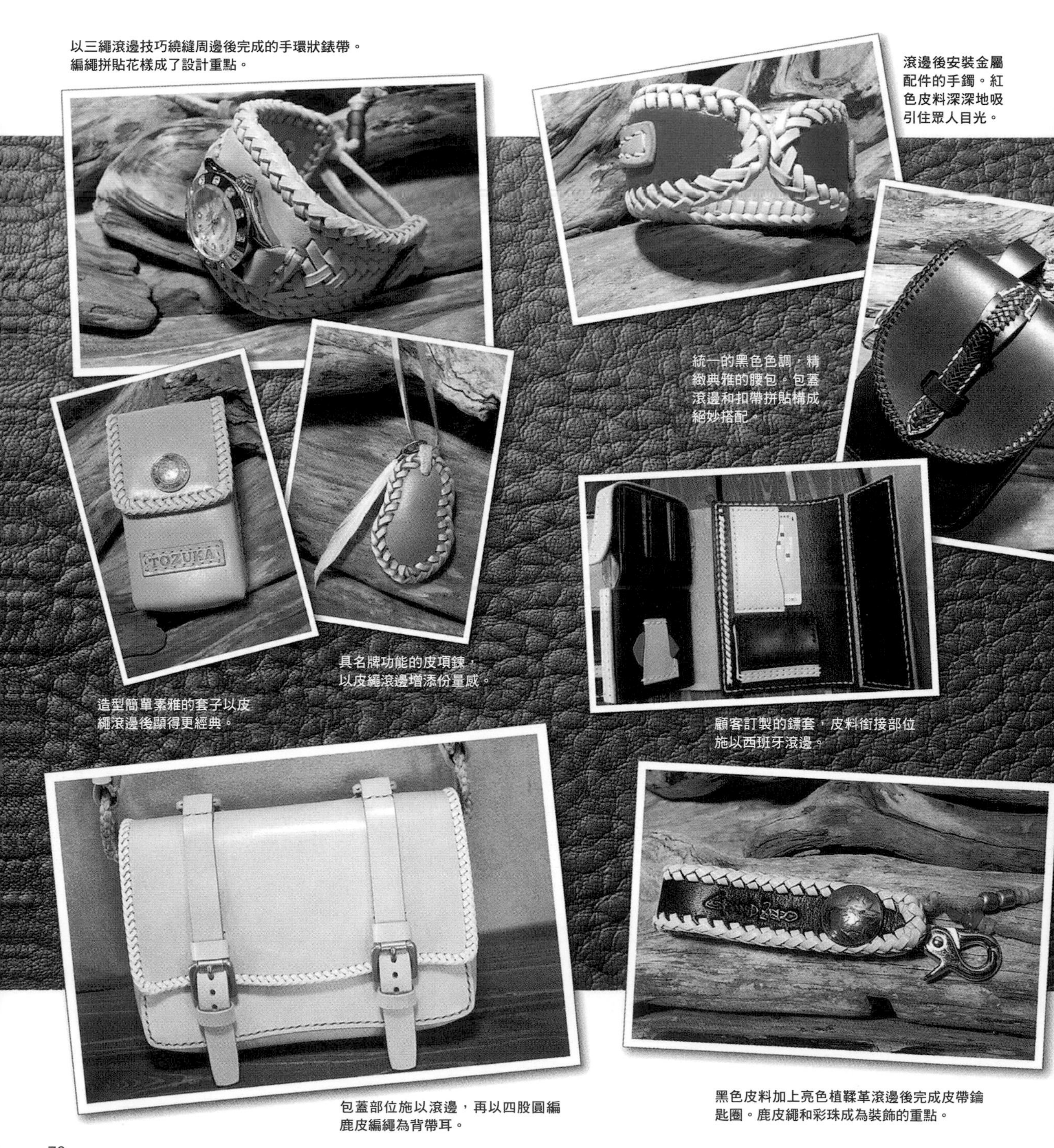

以三繩滾邊技巧繞縫周邊後完成的手環狀錶帶。
編繩拼貼花樣成了設計重點。

滾邊後安裝金屬
配件的手鐲。紅
色皮料深深地吸
引住眾人目光。

統一的黑色色調，精
緻典雅的腰包。包蓋
滾邊和扣帶拼貼構成
絕妙搭配。

具名牌功能的皮項鍊，
以皮繩滾邊增添份量感。

造型簡單素雅的套子以皮
繩滾邊後顯得更經典。

顧客訂製的鏢套，皮料銜接部位
施以西班牙滾邊。

包蓋部位施以滾邊，再以四股圓編
鹿皮編繩為背帶耳。

黑色皮料加上亮色植鞣革滾邊後完成皮帶鑰
匙圈。鹿皮繩和彩珠成為裝飾的重點。

ITEM SAMPLE 2

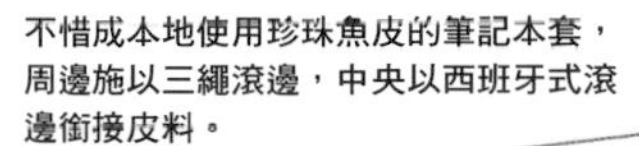

不惜成本地使用珍珠魚皮的筆記本套，周邊施以三繩滾邊，中央以西班牙式滾邊銜接皮料。

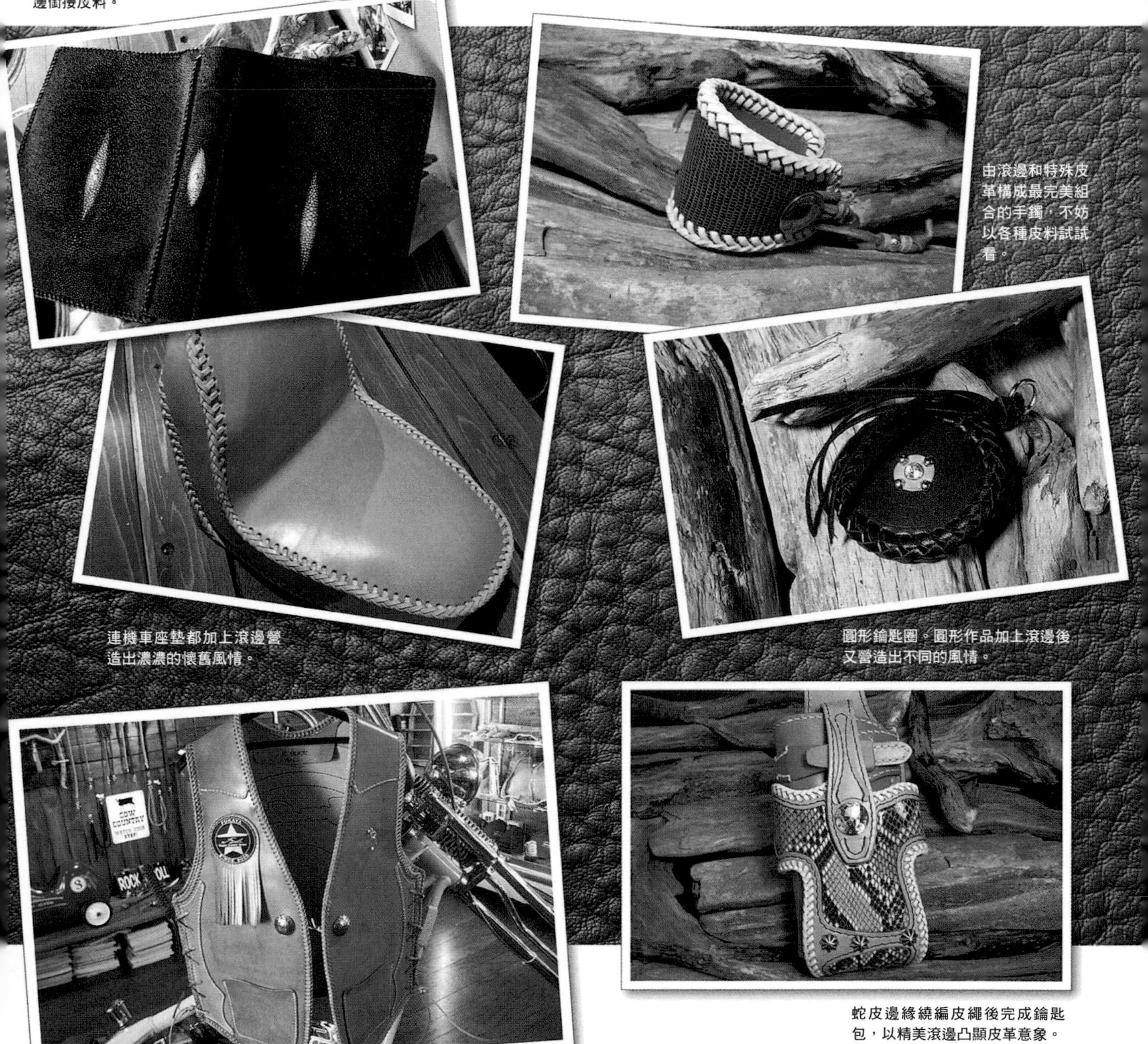

由滾邊和特殊皮革構成最完美組合的手鐲，不妨以各種皮料試試看。

連機車座墊都加上滾邊營造出濃濃的懷舊風情。

圓形鑰匙圈。圓形作品加上滾邊後又營造出不同的風情。

蛇皮邊緣繞編皮繩後完成鑰匙包，以精美滾邊凸顯皮革意象。

全面施以精緻滾邊的背心，因注入很多心力而處理得更體面大方。

SQUARE BRAID & SPIRAL TWIST BRAID

方形結編繩&螺旋紋編繩

本單元將介紹一些可編出特殊模樣的編繩技巧。

希望做出風格獨特的編繩或手機吊飾等作品時一定要試試看喔！

方形結編繩

SQUARE BRAID

恰如其名地編成方形模樣的方形結編繩。單看成品好像很複雜，
不過放心吧！熟記編法就會覺得很簡單。

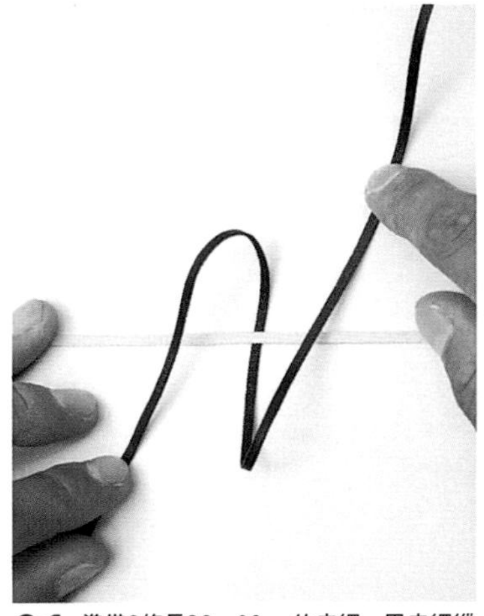

01 準備2條長80～90cm的皮繩，黑皮繩縱向、原色皮繩橫向擺放，再將黑皮繩拉成N字型。

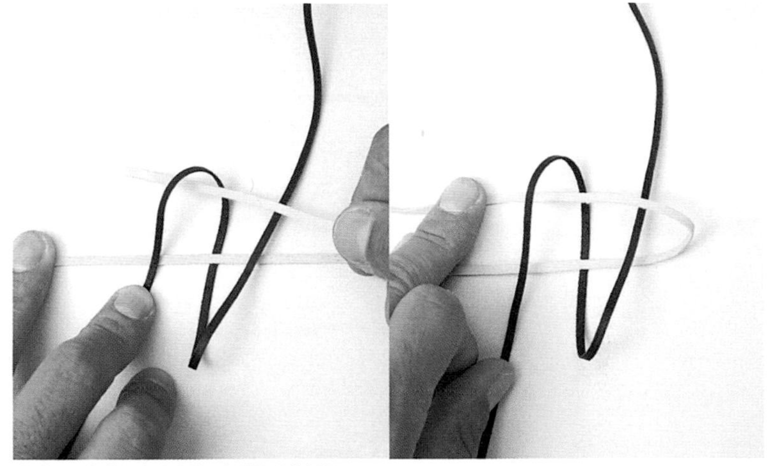

02 原色皮繩右端穿過N字型的環狀部位。

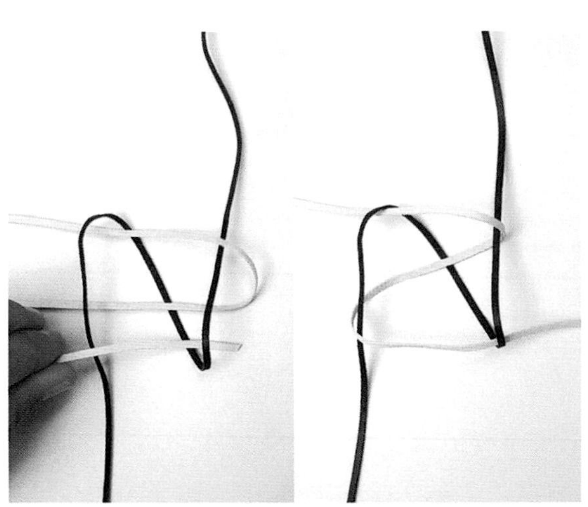

03 將原色皮繩左端穿過N字型下方的環狀部位。穿好後兩條皮繩都以N字型狀態交織在一起。

04 將步驟 **03** 的皮繩編目往中央集結調整。調整時要小心別讓任何一端的皮繩特別長。

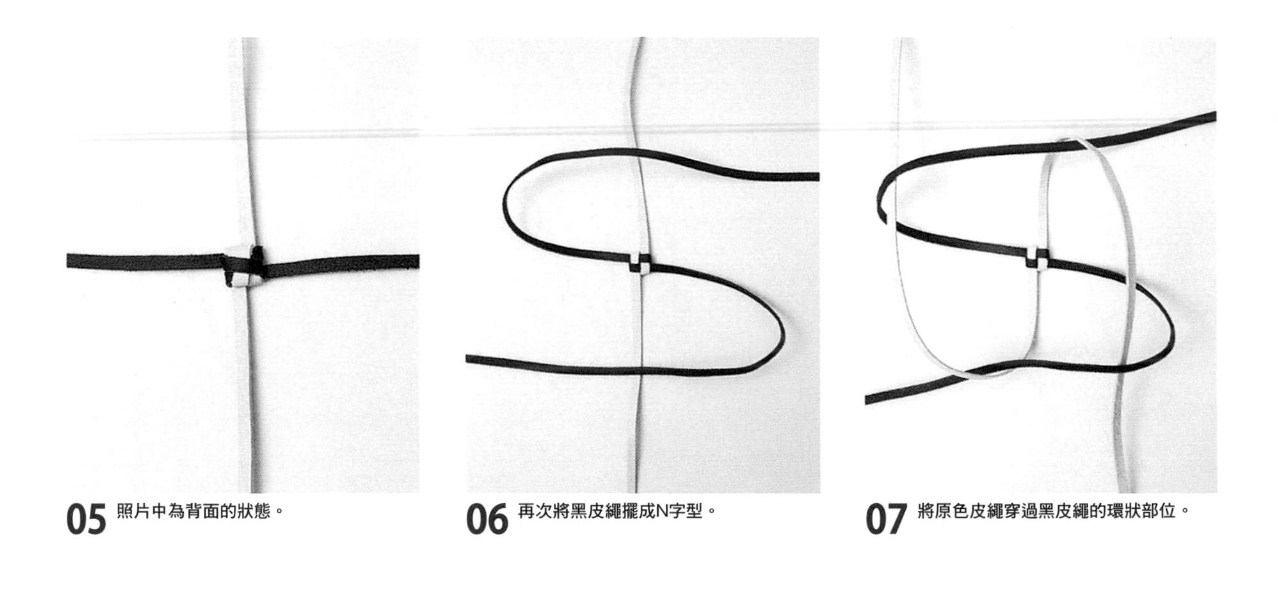

05 照片中為背面的狀態。

06 再次將黑皮繩擺成N字型。

07 將原色皮繩穿過黑皮繩的環狀部位。

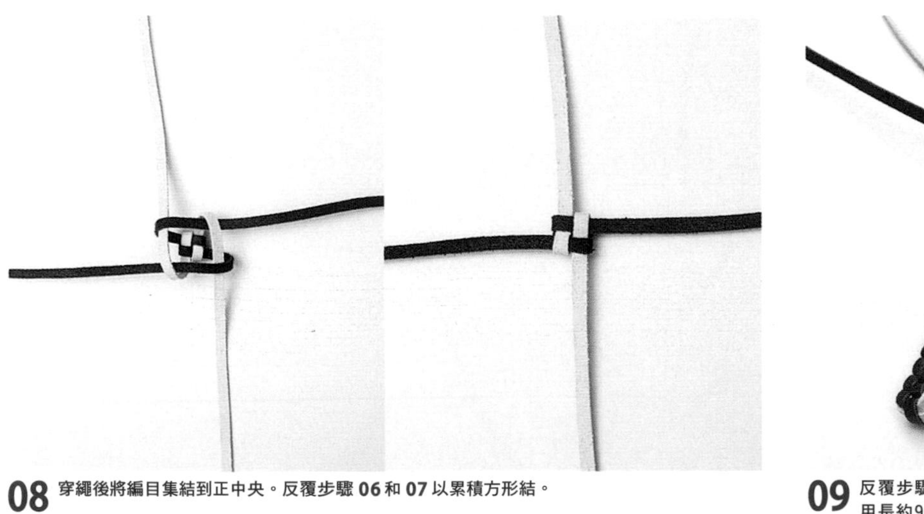

08 穿繩後將編目集結到正中央。反覆步驟 **06** 和 **07** 以累積方形結。

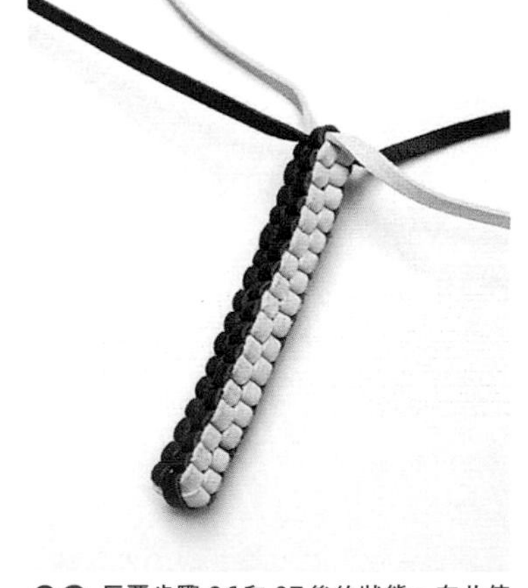

09 反覆步驟 **06** 和 **07** 後的狀態。在此使用長約90cm的皮繩，約可完成7cm編繩。

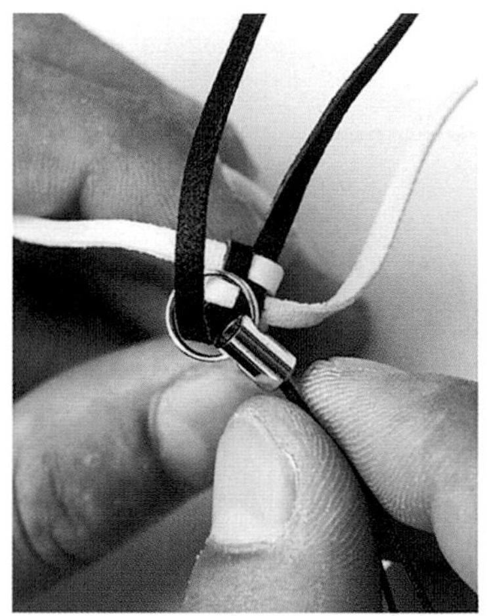

10 本作品計畫安裝手機金屬配件。將黑皮繩穿過圓環。

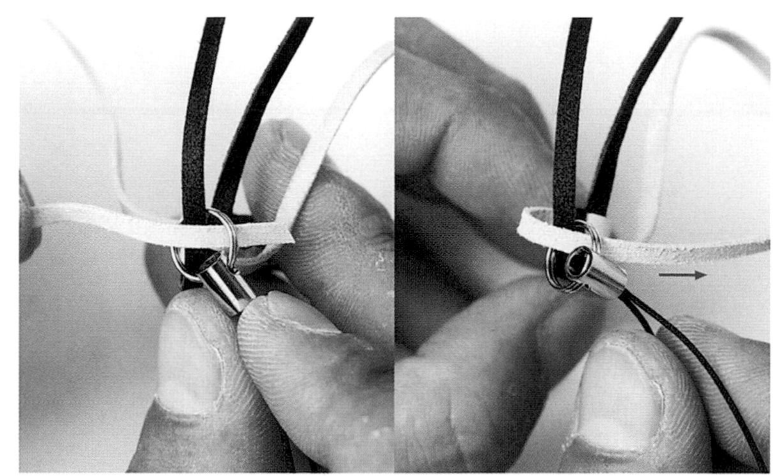

11 接著穿過原色皮繩。皮繩穿過配件後倒向另一側。

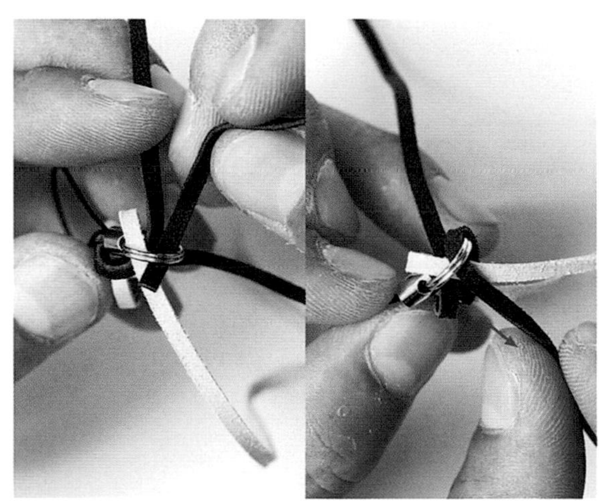

12 穿過第二條黑皮繩。兩條黑皮繩呈交叉狀態。

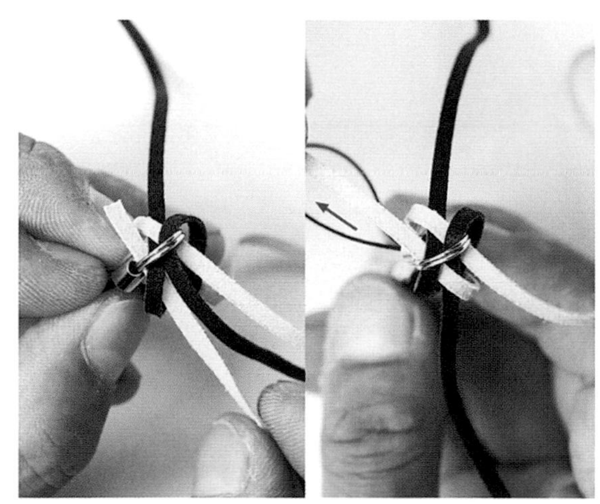

13 最後，穿過兩條原色皮繩。穿好後黑皮繩和原色皮繩就會穿插交織在一起。

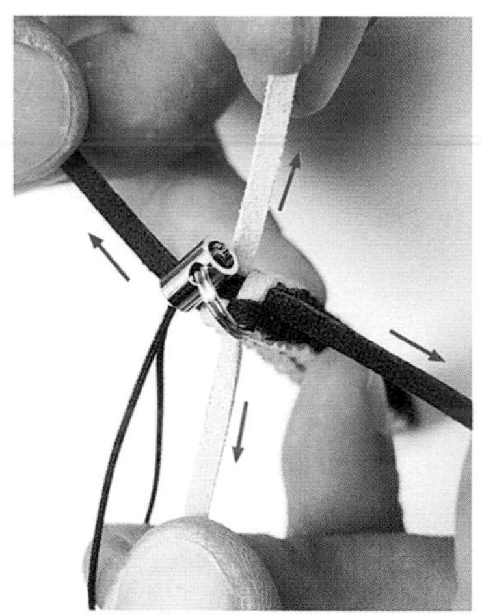

14 拉緊四條皮繩以填滿吊繩和皮繩之間的空隙。

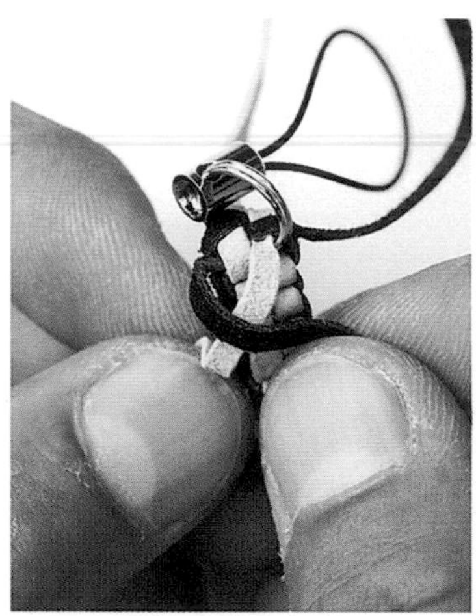

15 分別將黑色皮繩與原色皮繩交叉，調整好兩組皮繩。

16 步驟 15 交叉皮繩後，用鑷子將編目撐開好讓皮繩端部能順利通過。

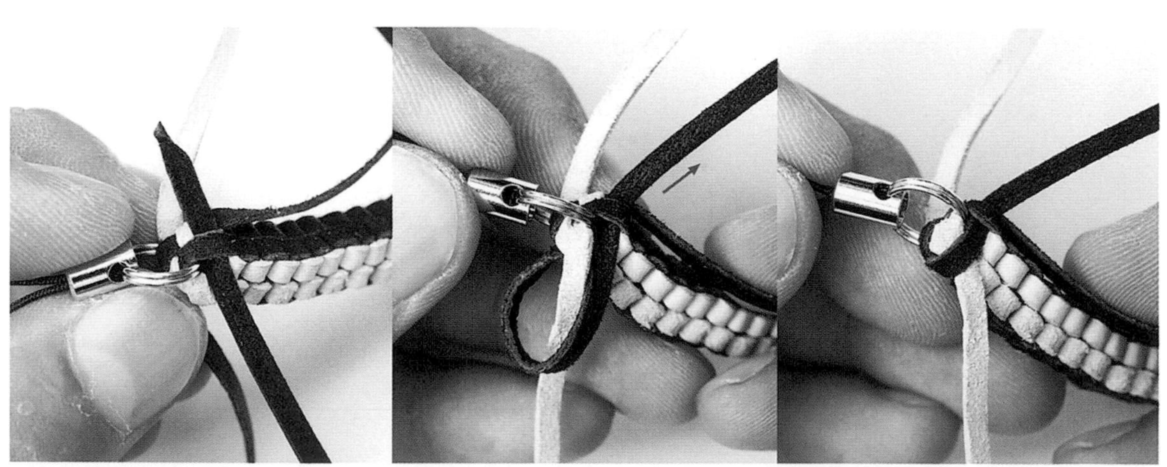

17 黑皮繩穿過編目後拉緊。拉緊後黑皮繩聚集到另一側。

18 原色皮繩也以相同要領穿過編目，再往箭頭方向拉緊。

19 四條皮繩都穿向同一方向。

20 其中一條皮繩纏繞另外三條皮繩後在其中一側打結。

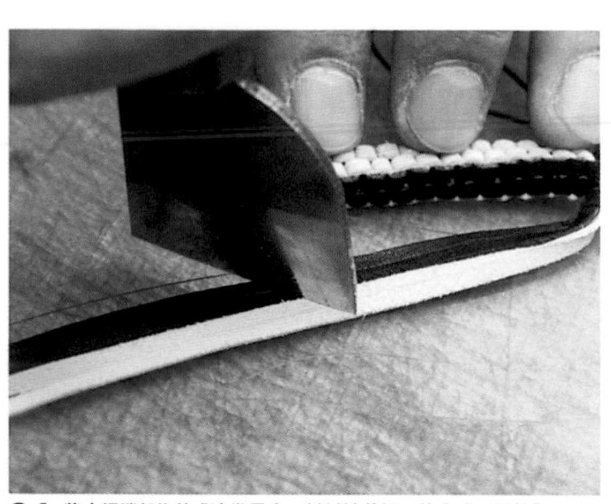

21 將皮繩端部修剪成適當長度。斜斜地裁切可使完成品更美觀。

22 以方形結編繩法完成吊飾。讀者可發揮巧思以做更廣泛的運用。

螺旋紋編繩

SPIRAL TWIST BRAID

編法基本上和方形結編繩大同小異，卻可編出迥然不同的俏模樣。
本單元將以牛皮繩完成鑰匙圈。

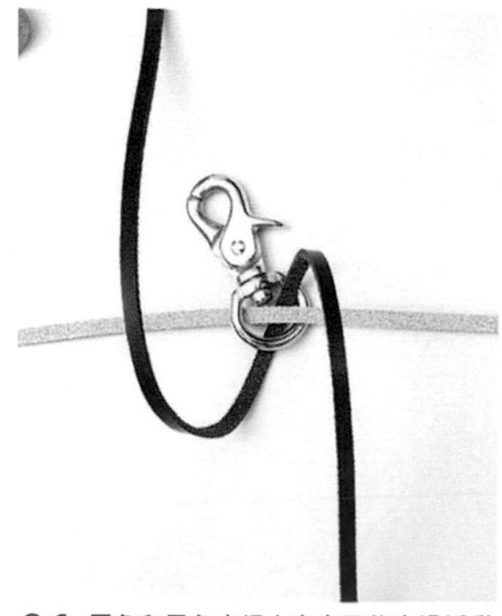

01 原色和黑色皮繩十字交叉後穿過活動鉤，再將黑皮繩擺成N字型。

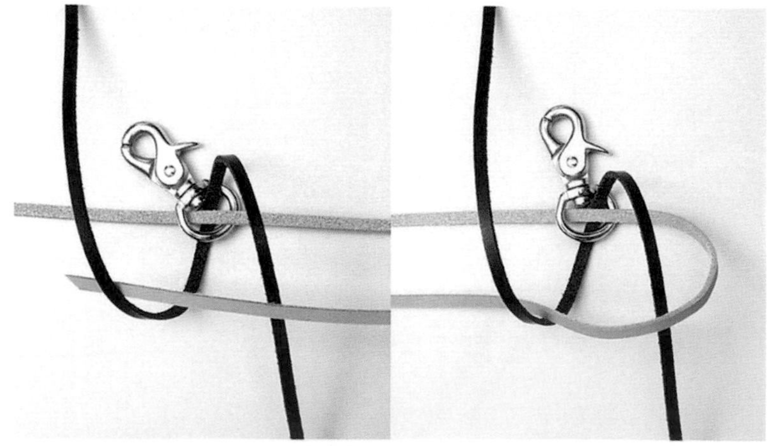

02 黑皮繩擺成N字型後，將原色皮繩穿過環狀部位。

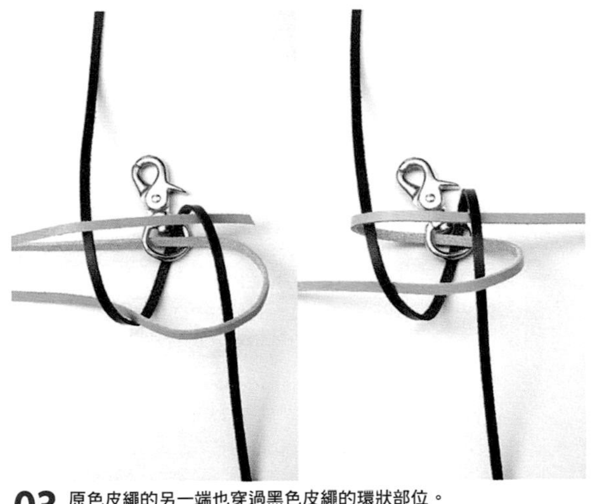

03 原色皮繩的另一端也穿過黑色皮繩的環狀部位。

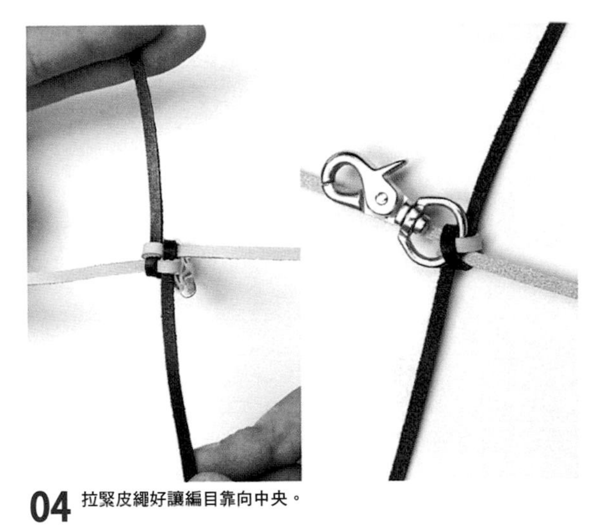

04 拉緊皮繩好讓編目靠向中央。

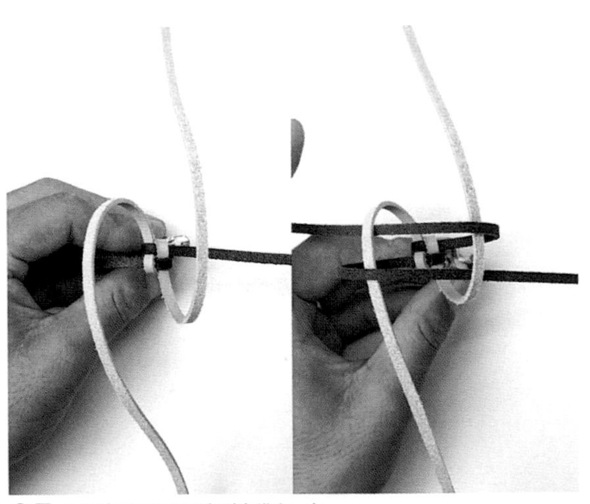

05 兩條皮繩再次以N字型交織在一起。

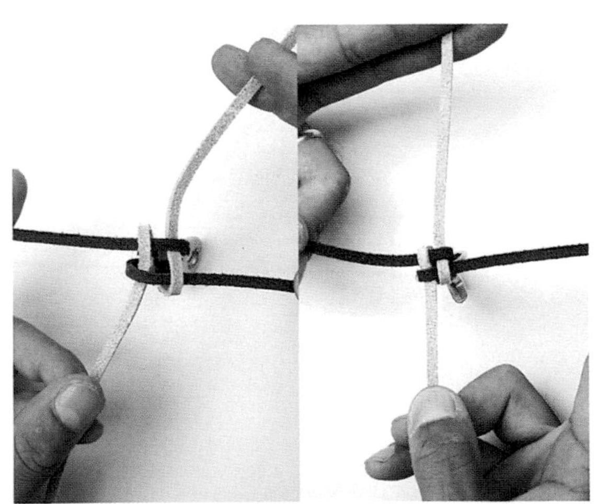

06 將步驟 **05** 的皮繩調到正中央以填滿空隙。作法如同方形結編繩。

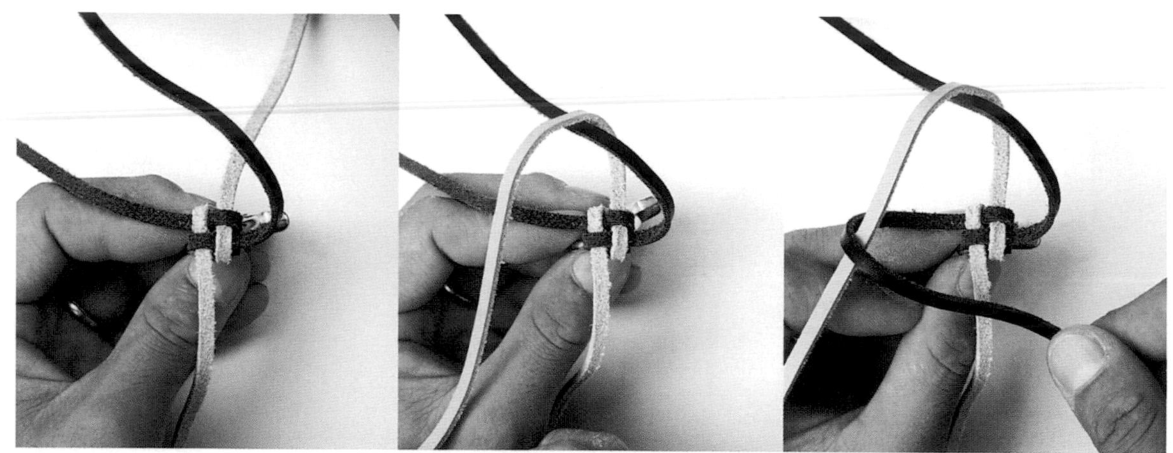

07 將右側黑皮繩拉到左側黑皮繩和上方的原色皮繩之間。再將上方的原色皮繩拉到左側黑皮繩和下方的原色皮繩之間。然後將左側黑皮繩拉到下方黑皮繩和右側的黑色皮繩之間。

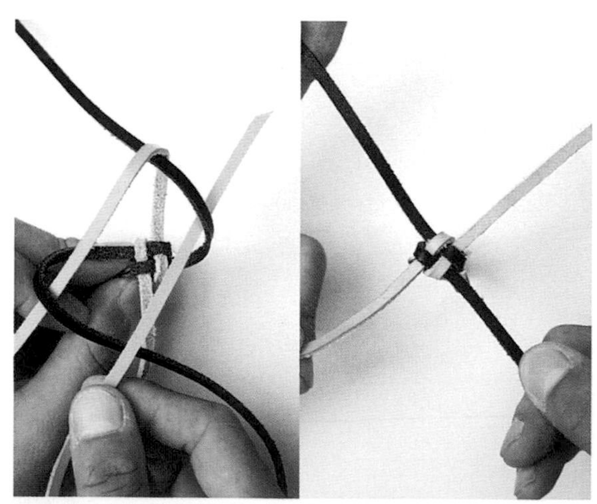

08 將下方的原色皮繩穿過右側黑皮繩的環狀部位。

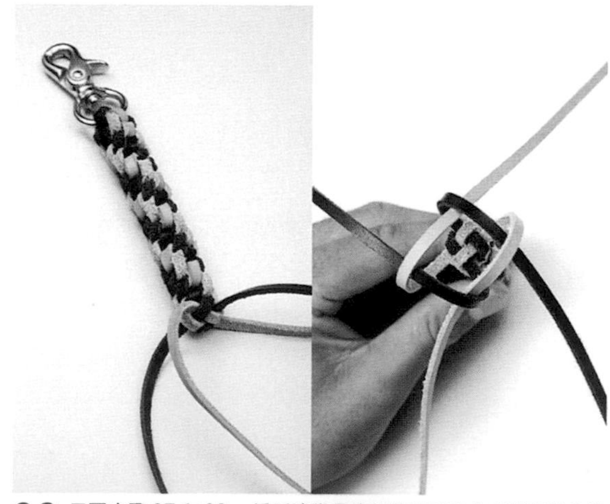

09 反覆步驟 07 和 08 ，編到適當長度後將皮繩穿入環狀部位之狀態。

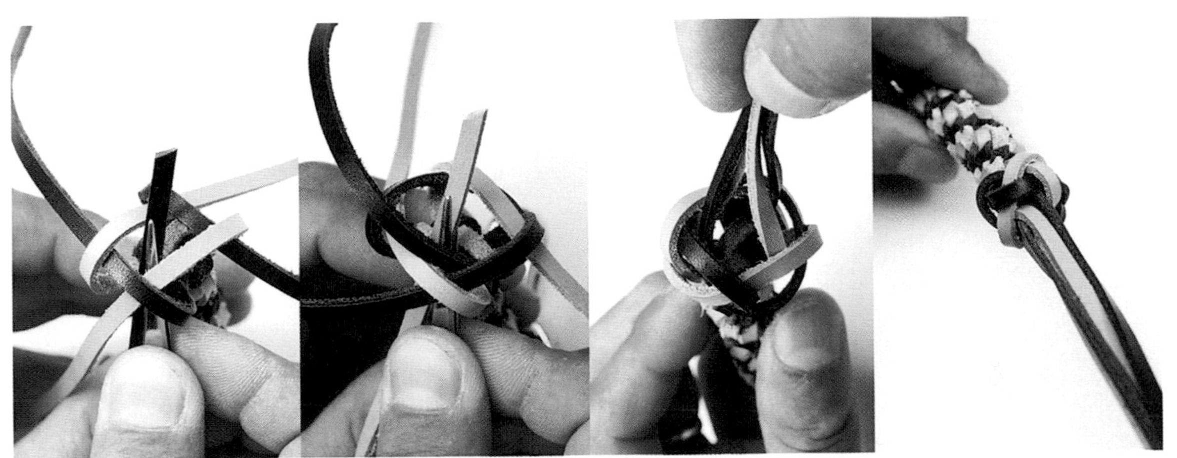

10 皮繩端部由中央的空隙底下穿上來。黑皮繩搭另一條黑皮繩，原色皮繩搭另一條原色皮繩後穿出。四條皮繩由空隙間穿出後拉緊以固定住編繩部位。

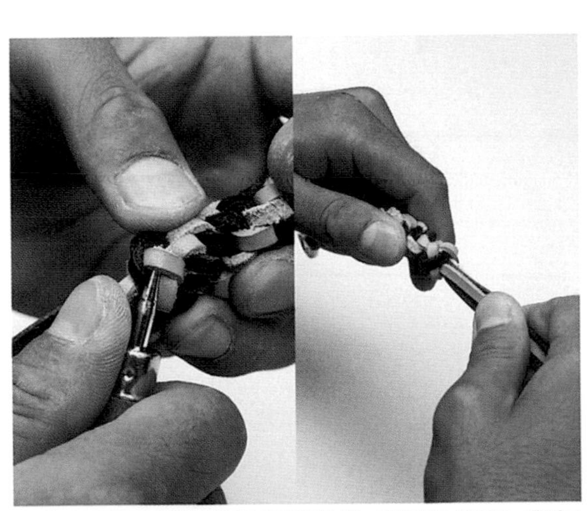

11 利用壓叉器端部調整編目以填滿空隙。確實地拉緊皮繩，將編目處理得更緊實。

12 最後，將預留的皮繩端部修剪成適當長度，完成螺旋紋編繩鑰匙圈。

APPLIQUE

編繩拼貼花樣

皮料上斬打孔洞後編繩以構成漂亮的拼貼花樣。
本單元將介紹三款非常適合用於裝飾背帶等部位的編繩拼貼技巧。

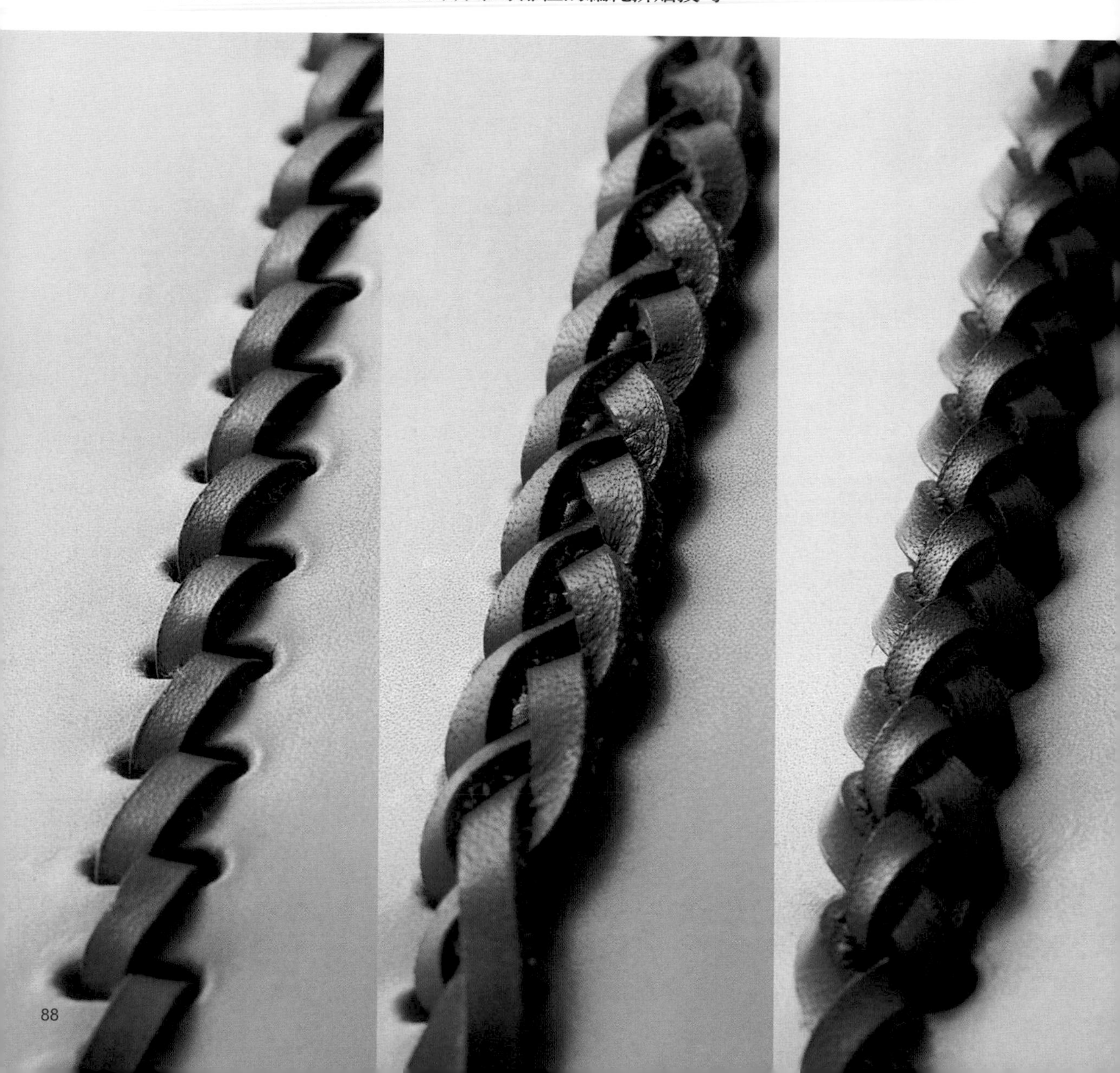

孔洞的打法

依序斬打編繩拼貼花樣的孔洞。編繩拼貼效果會因使用的皮料厚度或寬度、
孔洞大小或間距而不同，讀者不妨大膽一試。

01 將間距規等工具抵在希望編繩拼貼的部位後描好中心線。

02 將間距規設定為寬10mm，做記號標好斬打孔洞的位置。

03 皮帶斬瞄準步驟 02 的記號後依序打上孔洞。

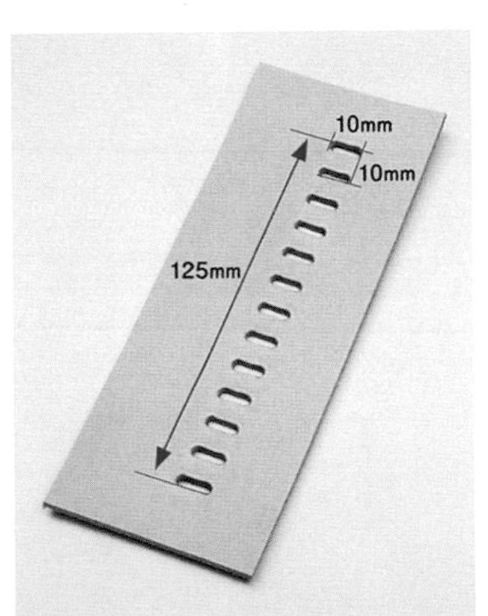

04 本作品使用寬10mm的皮帶斬，孔距為10mm。第一孔至最後一孔距離125mm。

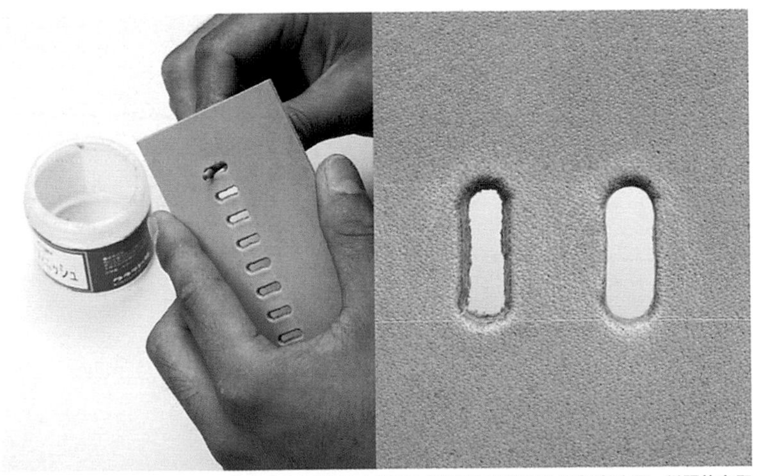

05 以皮帶斬打孔後，以細棒等沾取透明床面處理劑（裁切面處理劑）以打磨孔洞。從照片右即可看出打磨前、後之差異。經過打磨即可大幅降低穿繩困難度，因此建議仔細打磨。

編繩拼貼花樣1

APPLIQUE 1

率先介紹交互編上兩條皮繩的拼貼技巧。
編繩拼貼前頁介紹的皮料（12.5cm）時必須準備長約40cm的皮繩。

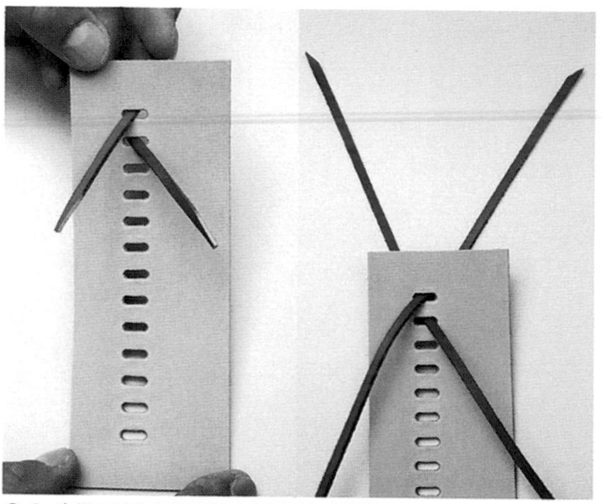

01 皮繩分別由皮料裡側（肉面層）穿過第一孔和第二孔，端部預留約10cm。

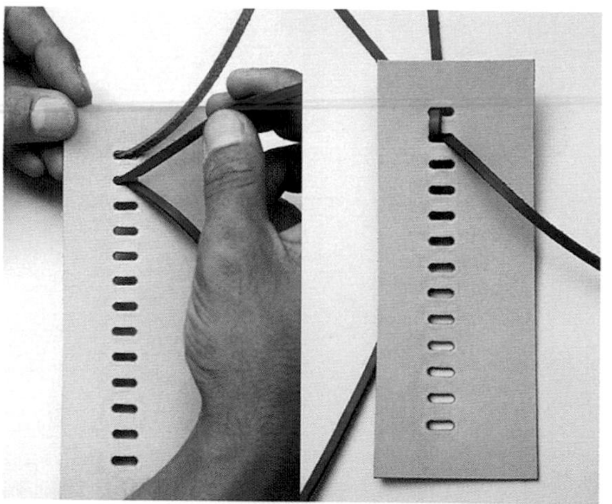

02 將第一孔的綠皮繩由皮面層穿過第二孔。

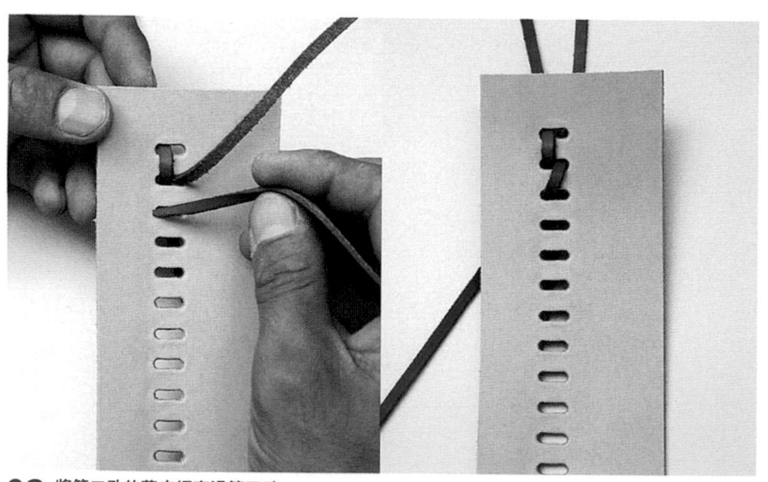

03 將第二孔的藍皮繩穿過第三孔。

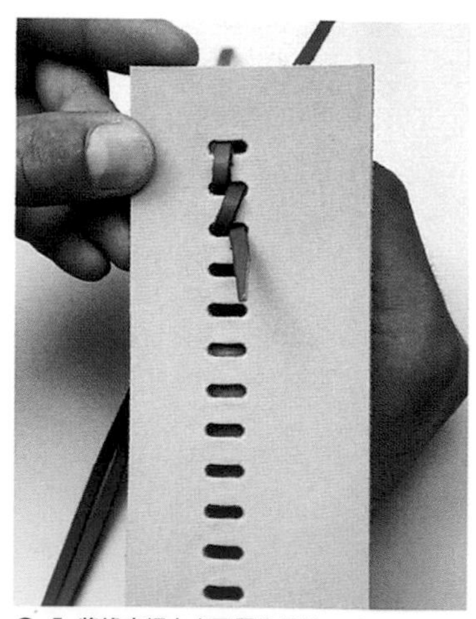

04 將綠皮繩由肉面層穿過第三孔。

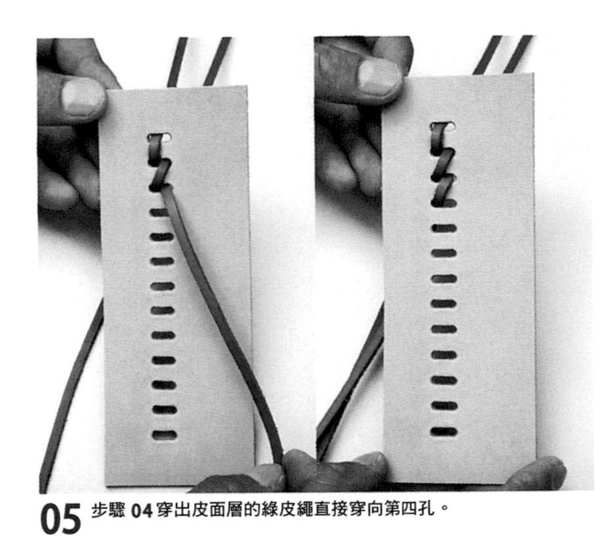

05 步驟 **04** 穿出皮面層的綠皮繩直接穿向第四孔。

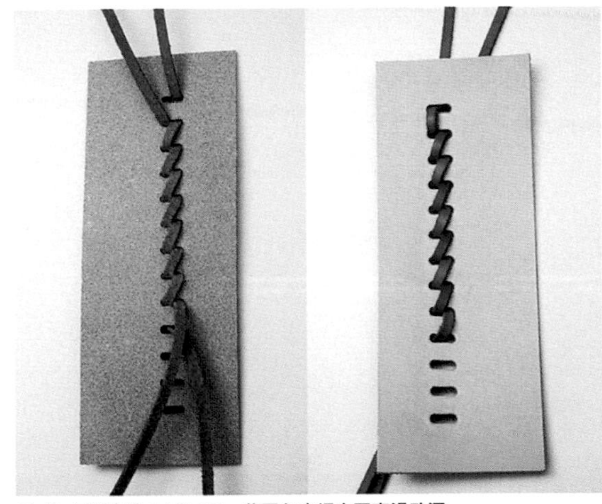

06 反覆步驟 **04** 和 **05**，將兩色皮繩交互穿過孔洞。

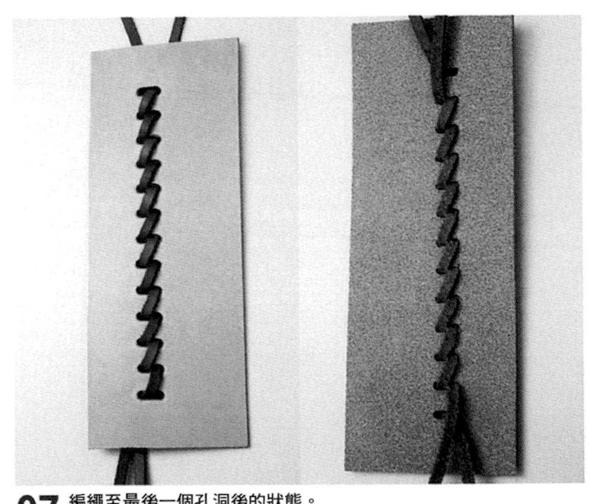

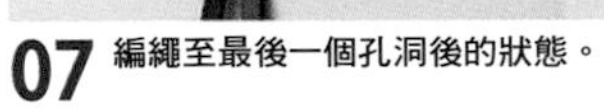

07 編繩至最後一個孔洞後的狀態。

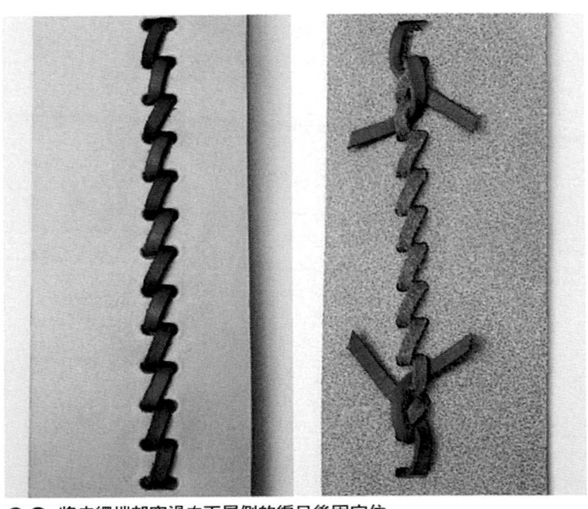

08 將皮繩端部穿過內面層側的編目後固定住。

編繩拼貼花樣 2

APPLIQUE 2

本單元將介紹皮料表面宛如埋入三股編繩的編繩拼貼技巧。
需要多花一些功夫，不過，裝飾效果非常好。使用皮繩長度為65～70cm。

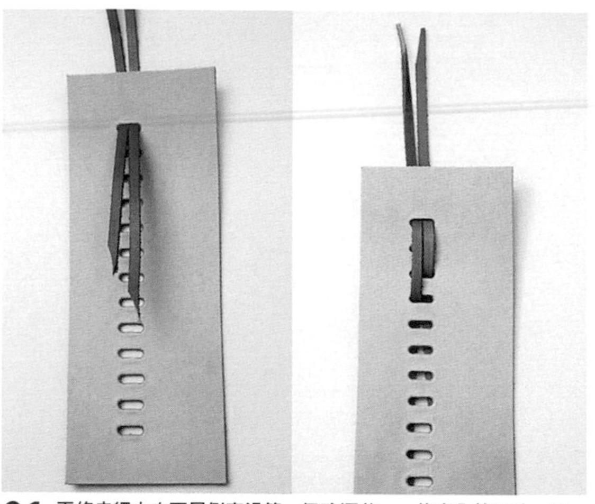

01 兩條皮繩由肉面層側穿過第一個孔洞後，一條穿入第四孔，另一條穿入第三孔。皮繩前端預留約10cm。

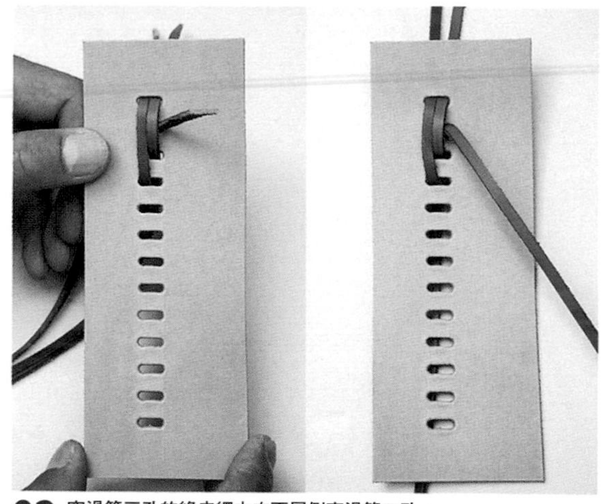

02 穿過第三孔的綠皮繩由肉面層側穿過第二孔。

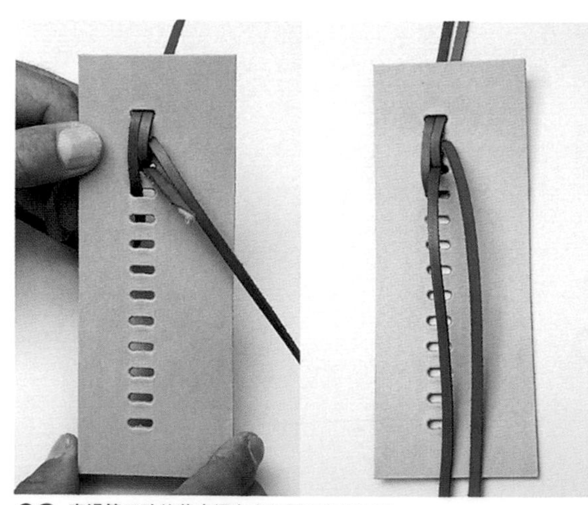

03 穿過第四孔的藍皮繩由肉面層穿向第三孔。

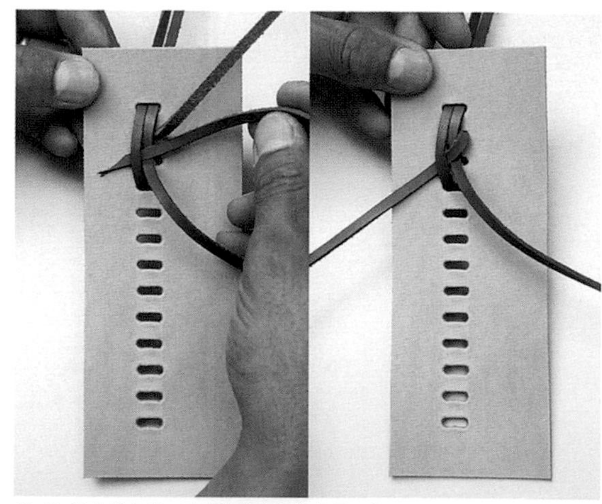

04 綠皮繩由第二孔穿出後穿過藍皮繩下方。

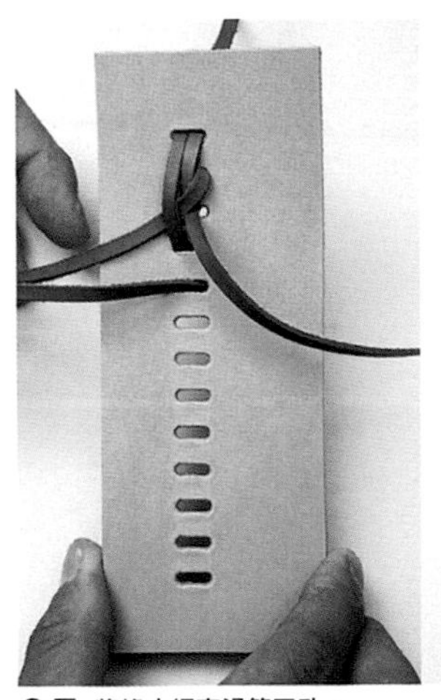

05 將綠皮繩穿過第五孔。

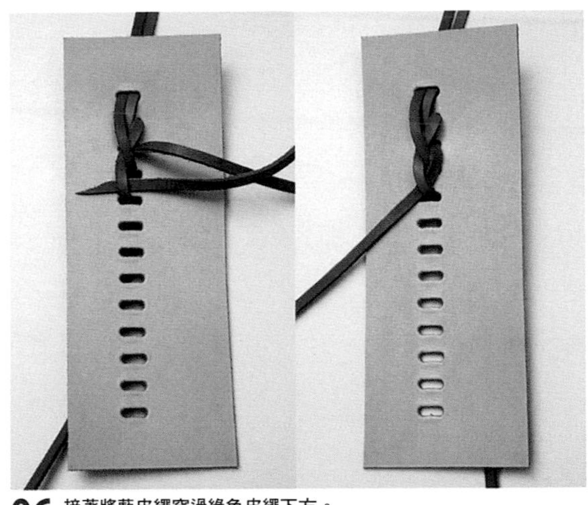

06 接著將藍皮繩穿過綠色皮繩下方。

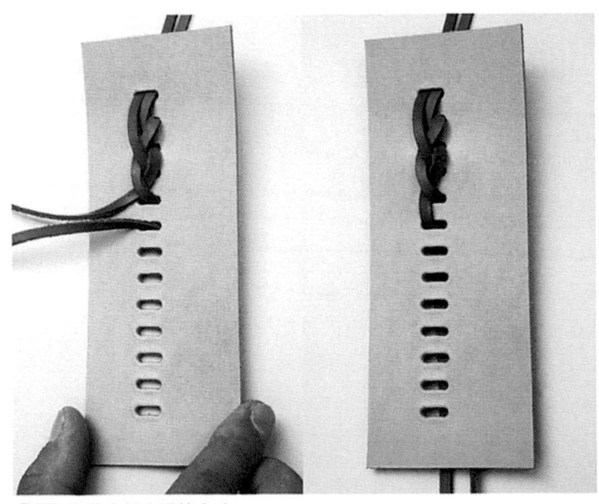

07 將藍皮繩穿過第六孔。

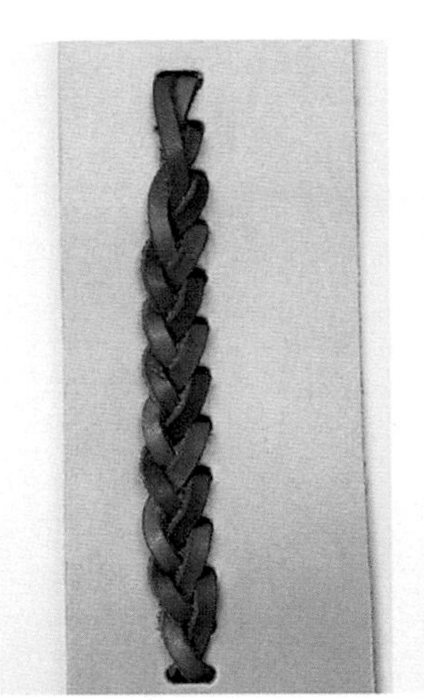

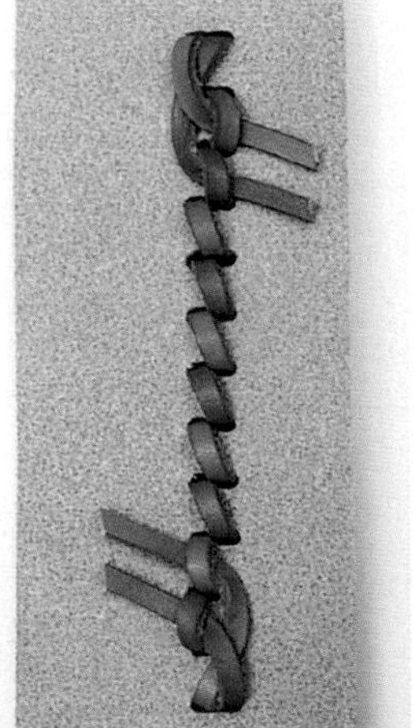

08 反覆步驟 **02** ～ **07** 編繩至最後一個孔洞後，將皮繩端部穿過裡側的編目下方以固定住皮繩。

編繩拼貼花樣 3

APPLIQUE 3

最後介紹皮料表面宛如埋入四股編繩的編繩拼貼技巧。
採用此方式時通常先穿好一條皮繩，再穿另一條皮繩。

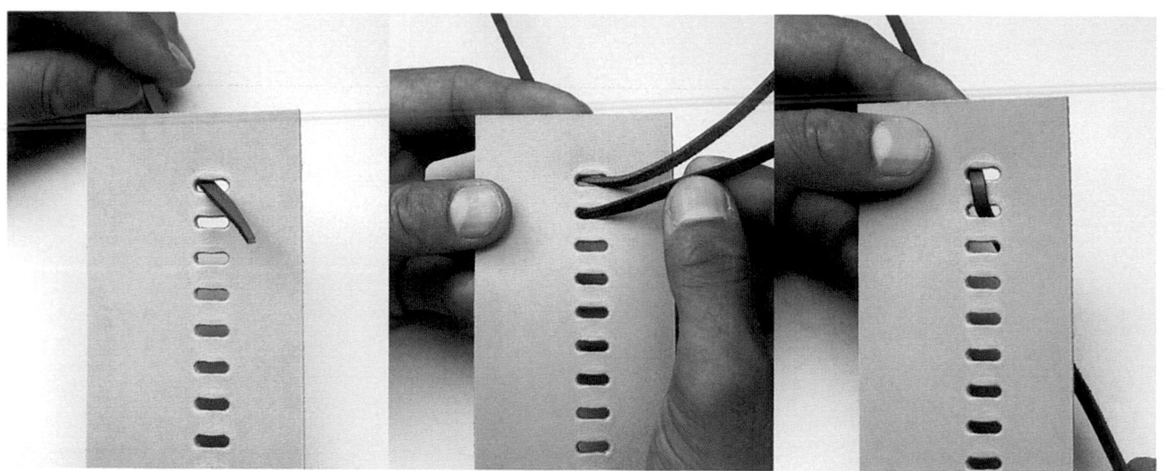

01 皮繩由肉面層側穿過第一孔，接著由第二孔穿向肉面層側。

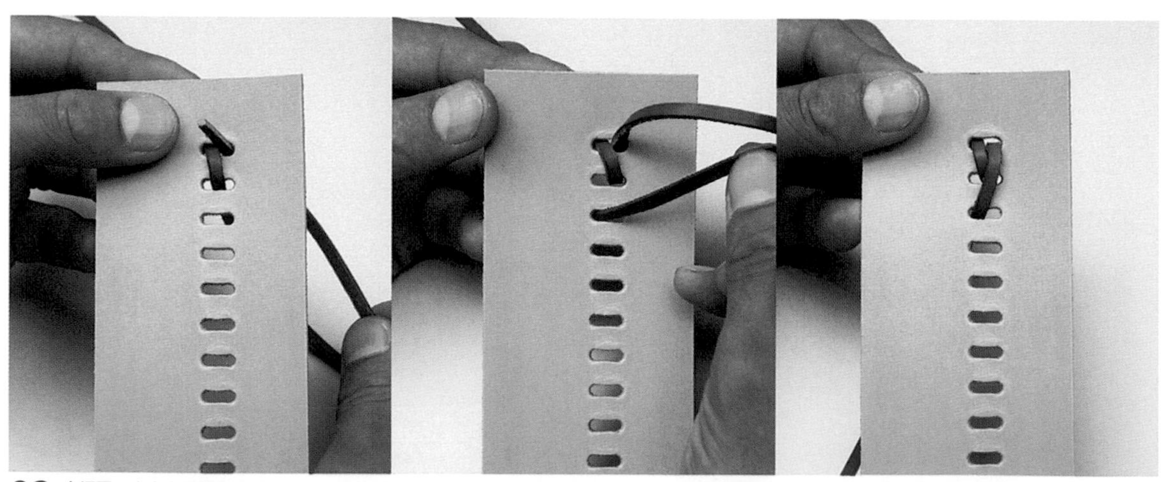

02 皮繩再一次由肉面層側穿過第一孔，穿向皮面層側後，由皮面層側穿過第三孔。為了要能順利穿過第二條皮繩，第一條皮繩別拉太緊喔！

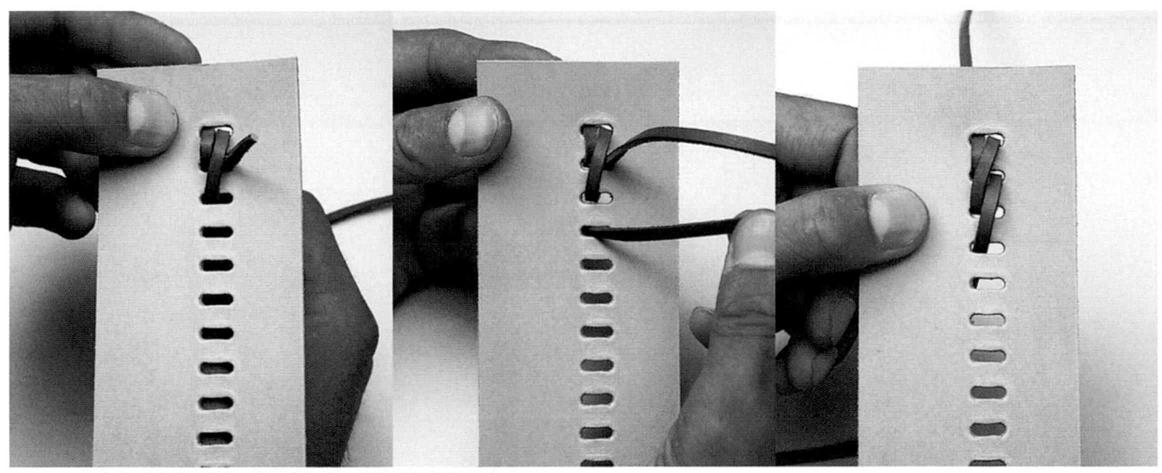

03 皮繩由肉面層側穿過第二孔，穿向皮面層側後穿入第四孔。

04 以步驟 03 要領編繩至最後一個孔洞。

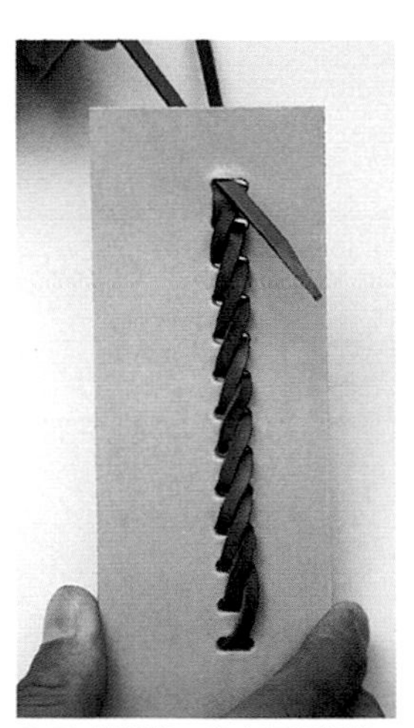

05 繞編第一條皮繩後將第二條皮繩穿過孔洞。

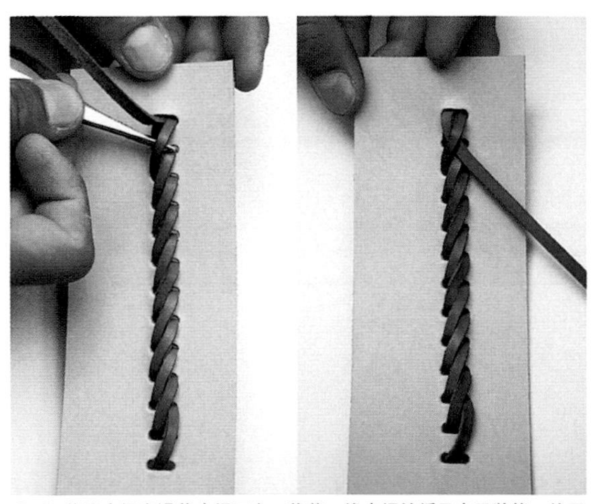

06 將綠皮繩穿過藍皮繩下方，將藍、綠皮繩繞編呈交叉狀態。使用鑷子更方便穿皮繩。

07 將綠皮繩穿過第三孔。

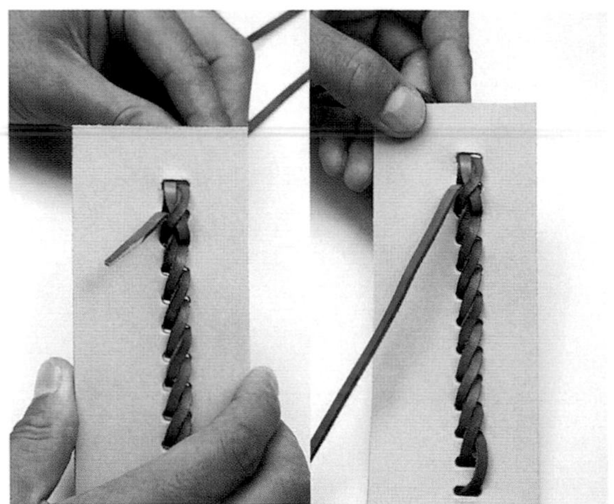

08 綠皮繩由肉面層側穿向第二孔。

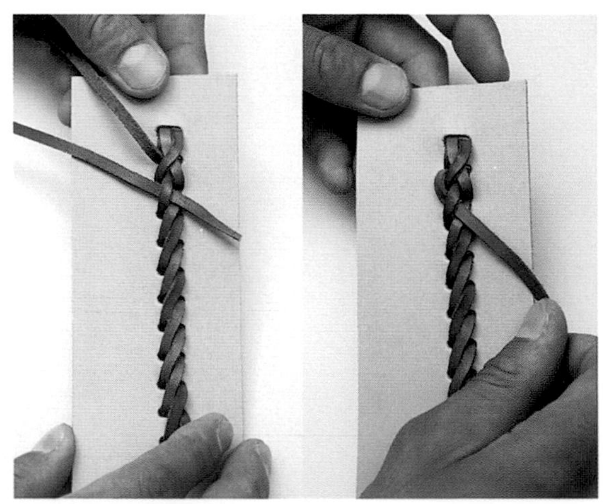

09 將綠皮繩穿過藍皮繩下方。

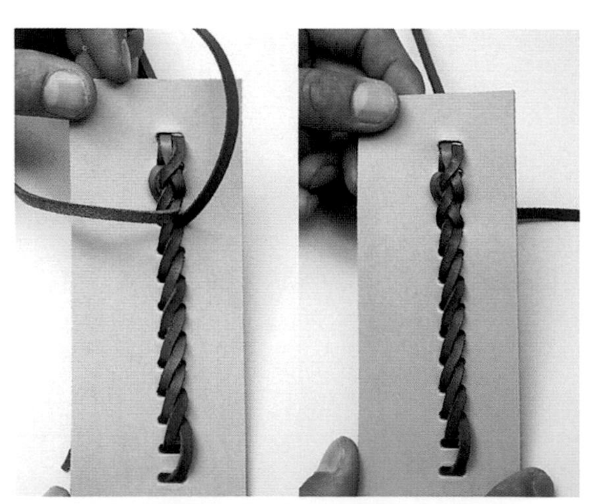

10 將綠色皮繩穿過第四孔。再由肉面層側將綠皮繩穿過上一個孔洞。

11 反覆步驟 08 ～ 10，依序完成編繩拼貼步驟。

12 編繩至最後一個孔洞後的狀態。

13 皮繩端部交叉穿過裡側編目似地固定住。

SLIT BRAID

長形孔套編繩

恰如其名地反覆套穿皮料後完成的編繩技巧。
最有趣的是孔洞長度或間隔不一樣的話就能套編出全然不同的花樣。

長形孔套編繩1

SLIT BRAID 1

製作長形孔套編繩時，第一孔應以皮面層為基準，再將兩孔側摺成凹摺，
三孔側摺成凸摺後依序套編，套編過程中要不斷地調整編目形狀。

01 本作品如照片將孔洞打在長30cm，寬2cm的皮料上。採用此套編方式時必須頻頻地摺彎皮料，因此，最好選用又軟又薄（厚約1mm）的皮料。

02 將圓環套在皮料中央，大概套在兩側孔洞之間。

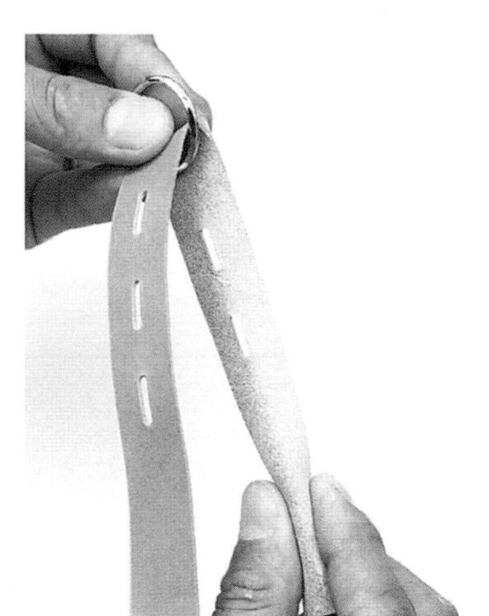

03 將兩孔側端部摺成凹摺。

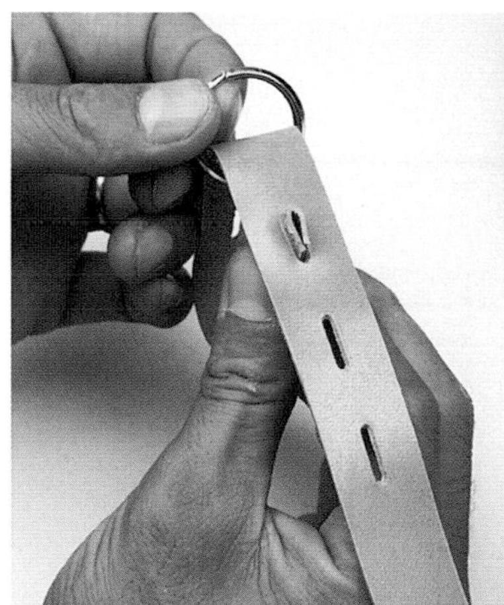

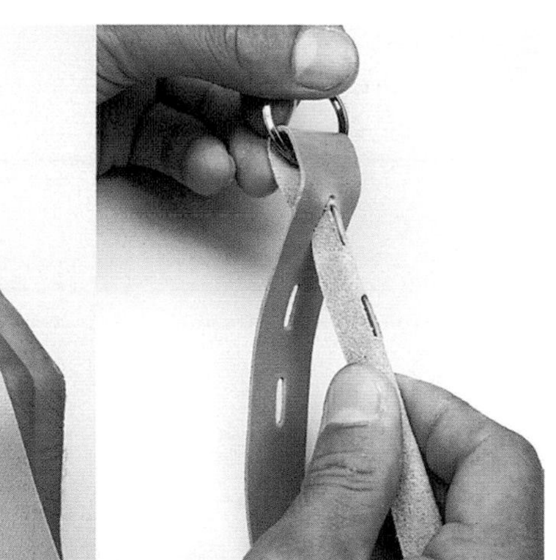

04 將步驟 **03** 摺成凹摺的端部穿過三孔側最靠近圓環的孔洞。

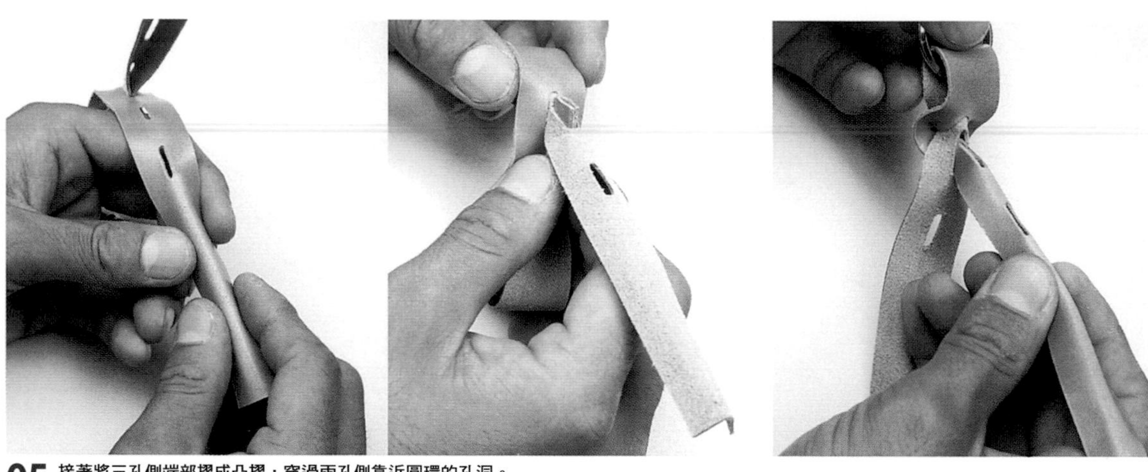

05 接著將三孔側端部摺成凸摺，穿過兩孔側靠近圓環的孔洞。

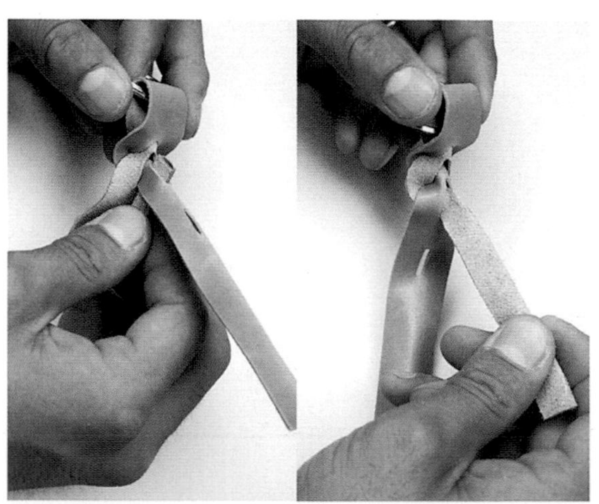

06 將摺成凹摺的兩孔側端部穿過三孔側中間的孔洞。

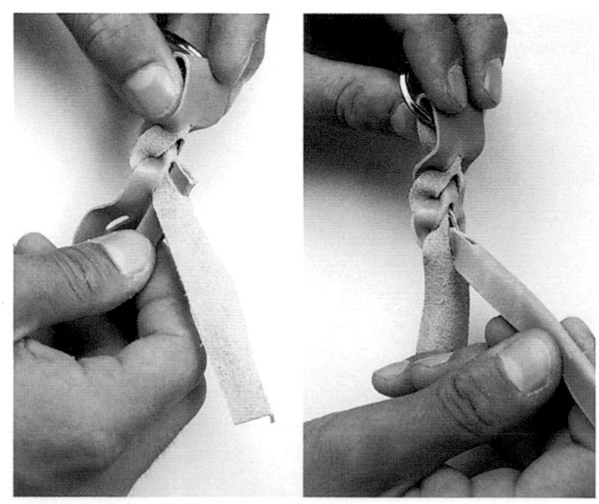

07 再次將三孔側端部穿過兩孔側的孔洞。

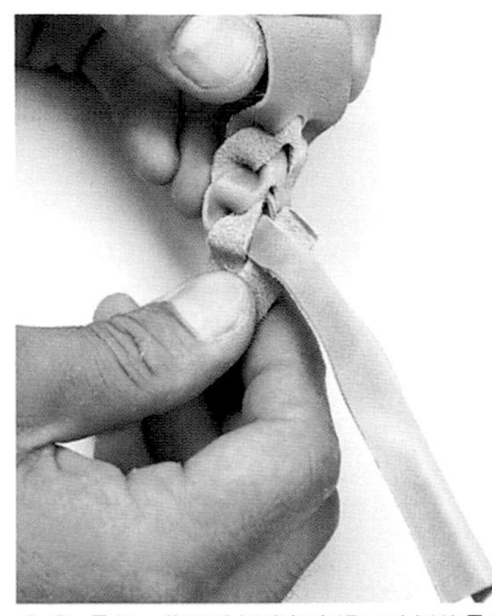

08 最後，將兩孔側端部穿過三孔側的最後一個孔洞。

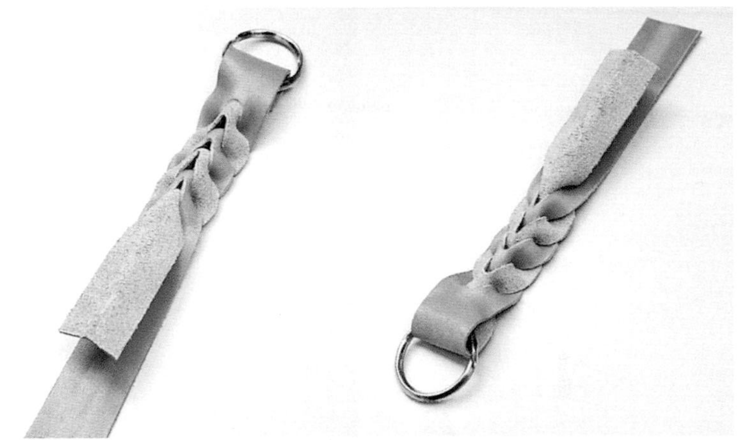

09 調整編目，完全拉直後即完成鑰匙圈。照片中作品只斬打五個孔洞，讀者可使用長一點的皮料或增加孔數，做更廣泛的運用吧！

長形孔套編繩2

SLIT BRAID 2

長形孔套編繩2和1的摺法正好相反，
套編出全然不同的花樣。不妨大膽地挑戰看看。

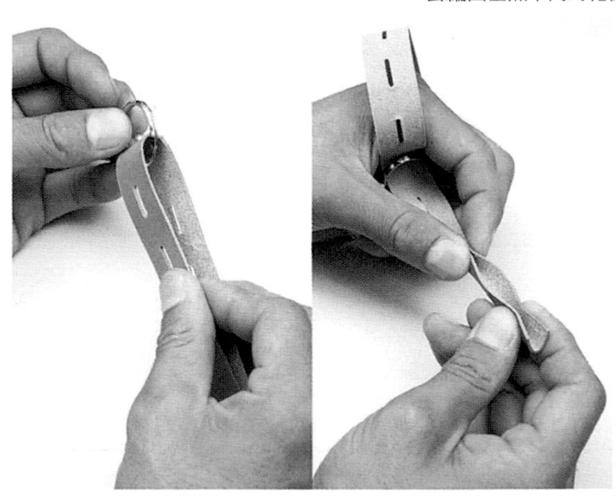

01 套上圓環後將兩孔側端部摺成凸摺。

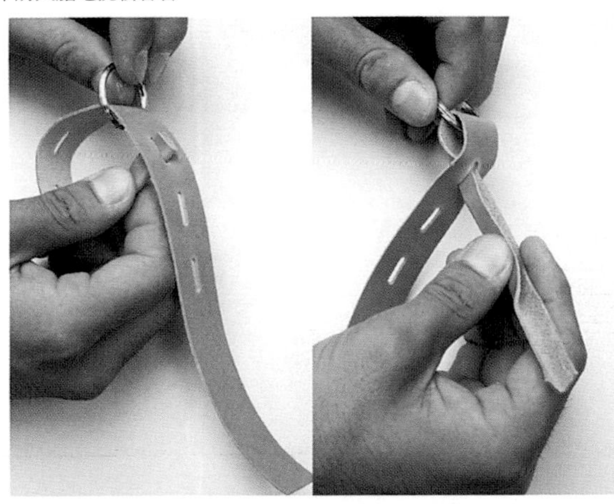

02 將步驟 01 摺成凸摺的兩孔側端部穿過三孔側最靠近圓環的孔洞。

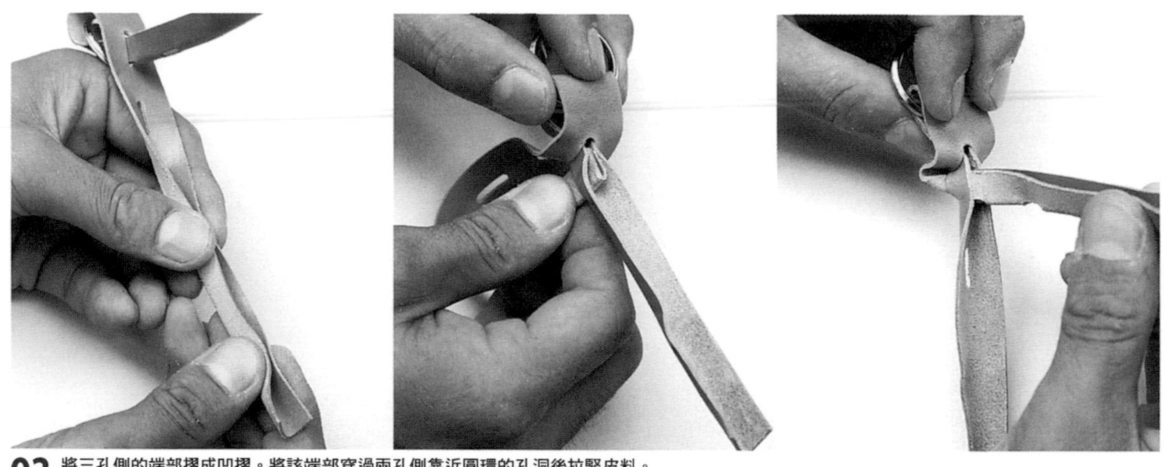

03 將三孔側的端部摺成凹摺。將該端部穿過兩孔側靠近圓環的孔洞後拉緊皮料。

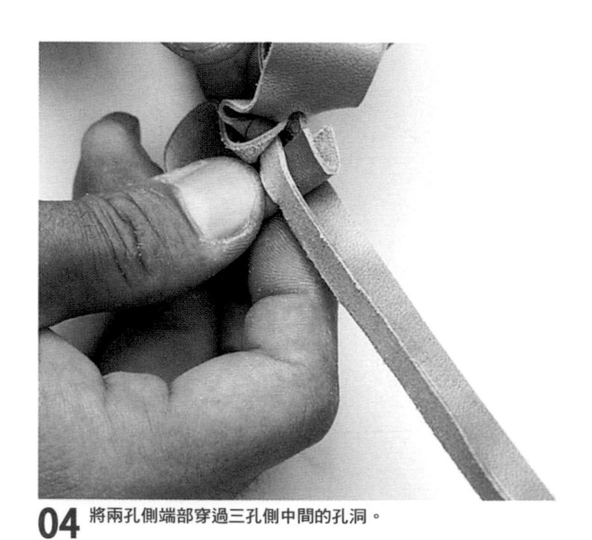

04 將兩孔側端部穿過三孔側中間的孔洞。

POINT

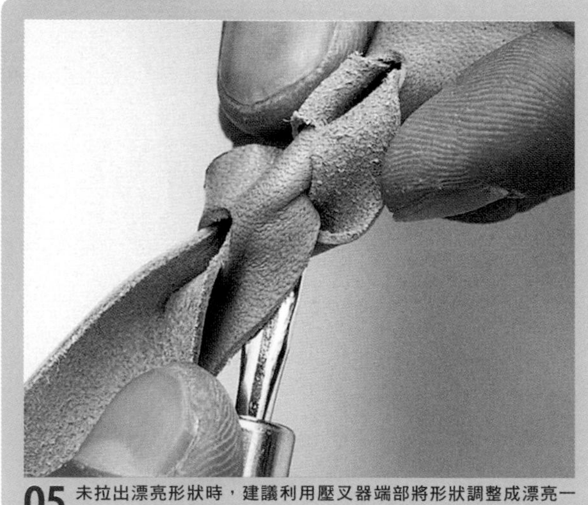

05 未拉出漂亮形狀時，建議利用壓叉器端部將形狀調整成漂亮一點。

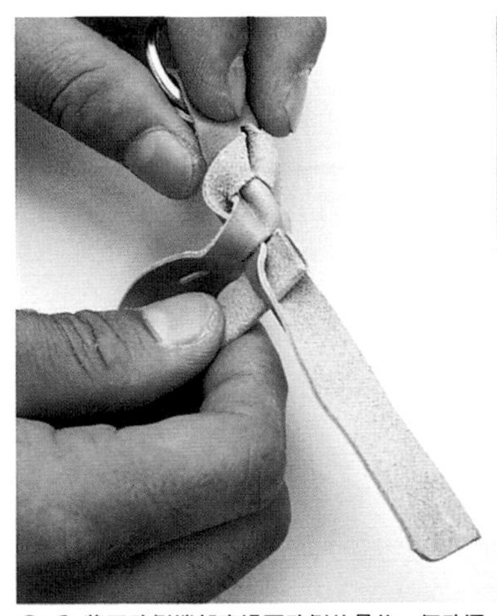

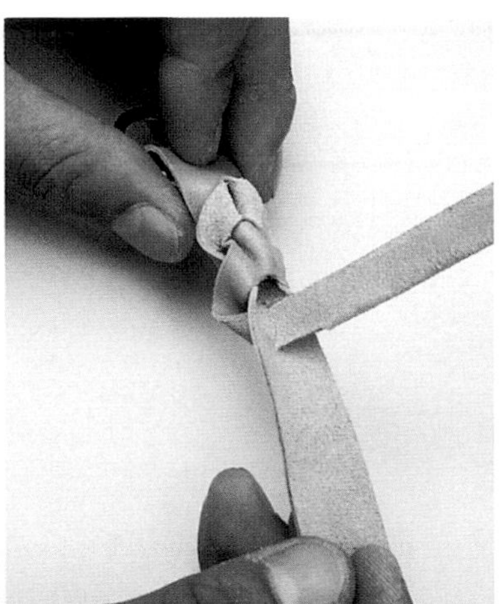

06 將三孔側端部穿過兩孔側的最後一個孔洞。

07 將兩孔側端部穿過三孔側的最後一個孔洞。

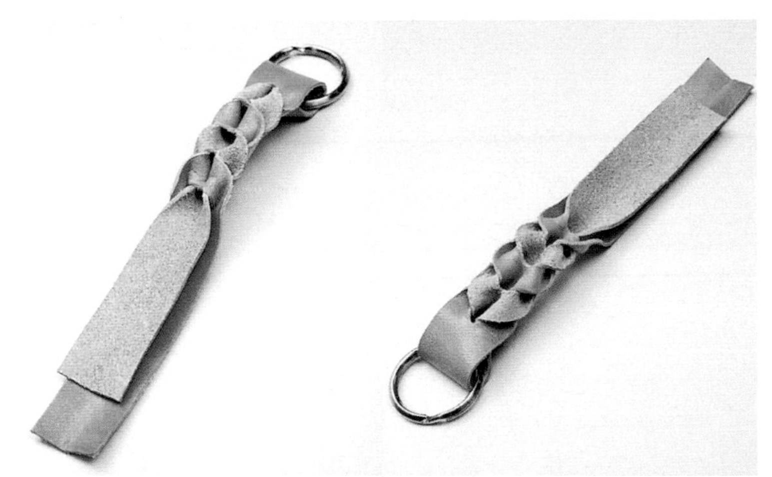

08 完成第二款長形孔套編繩。編繩形狀或氛圍因孔洞間隔、使用皮料種類而不同，建議大膽地挑戰各種形狀。

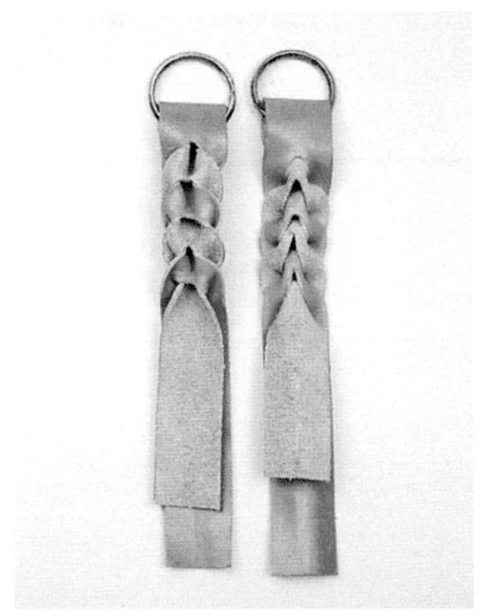

09 左為1，右為2，擺在一起，兩款差異一目了然。

APPLIQUE OF THONG BRAID

平編拼貼花樣

運用平編技巧在皮料上穿繩編上拼貼花樣。
本單元將透過寬3mm的皮繩介紹三股和五股平編拼貼技巧。

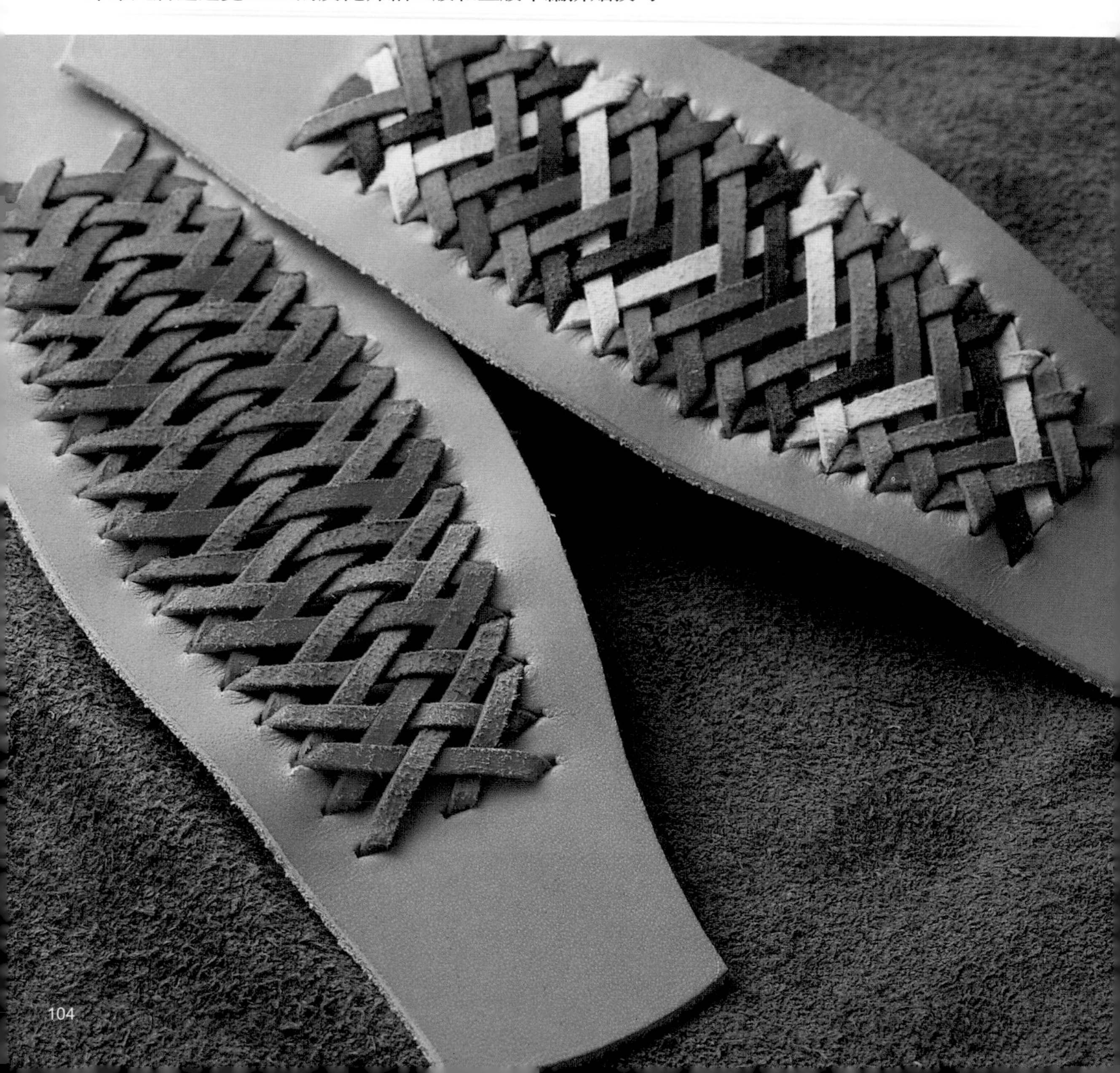

三股平編拼貼花樣

APPLIQUE OF THREE THONGS BRAID

本單元中將利用3條皮繩在皮料上拼貼出漂亮花樣。在編法或孔洞位置上動動腦，即可編出無數種花樣，趕快動手挑戰吧！

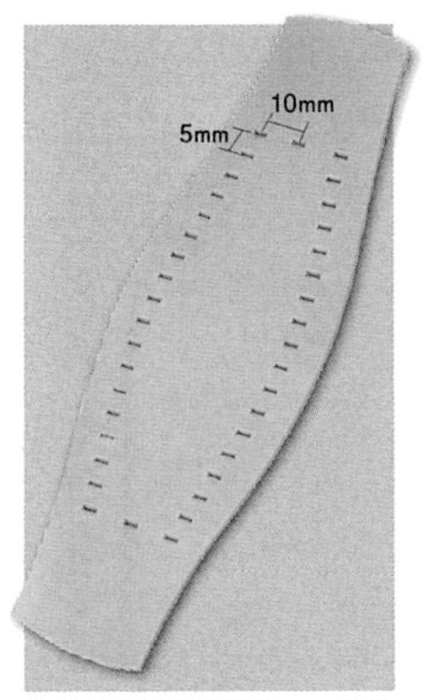

01 長邊孔洞間隔5mm，短邊孔洞位於中心線上，和兩側孔洞間隔10mm。

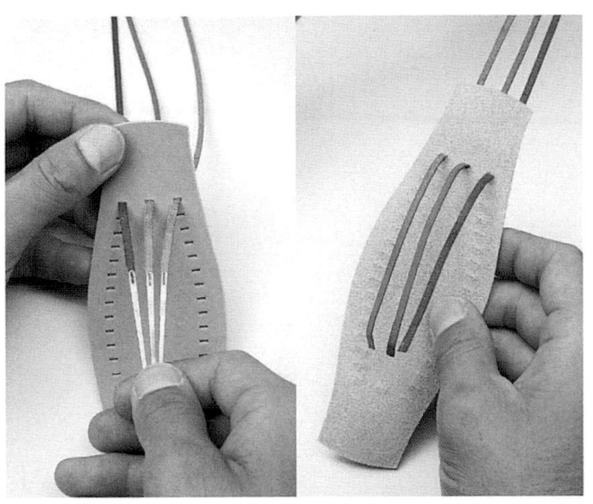

02 三條皮繩分別穿上皮繩針，針分別穿過最上方的孔洞。皮繩端部預留約10cm。

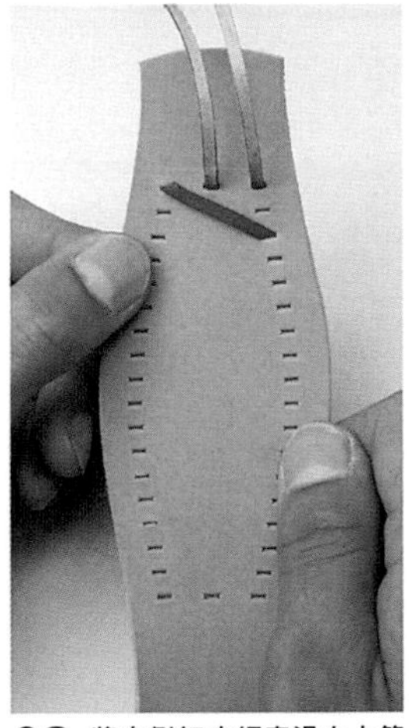

03 將左側紅皮繩穿過右上第三孔。

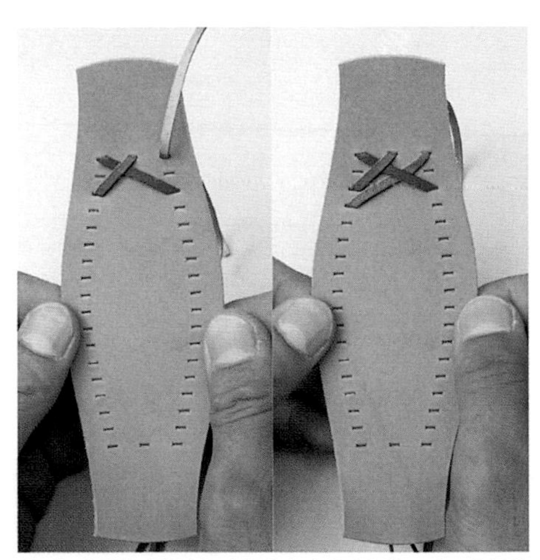

04 中間綠皮繩由紅皮繩上方穿過左側第三孔。右側藍皮繩由紅皮繩下方穿過左側第四孔。

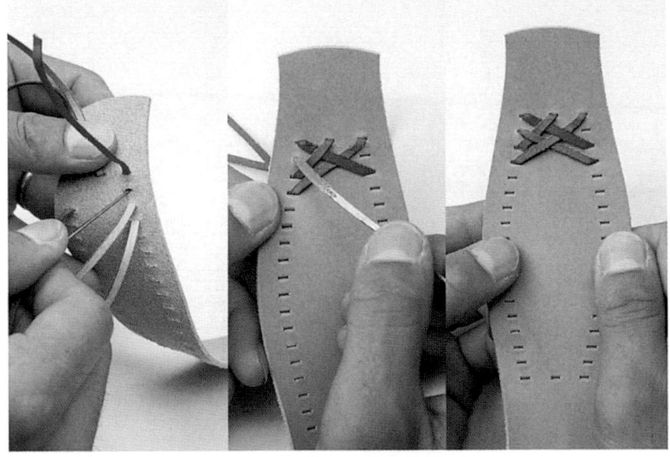

05 步驟 04 穿過左側第三孔的綠皮繩由肉面層側穿過第二孔，由皮面層穿出後，經由綠皮繩上方，藍皮繩下方，穿入右側第四孔。

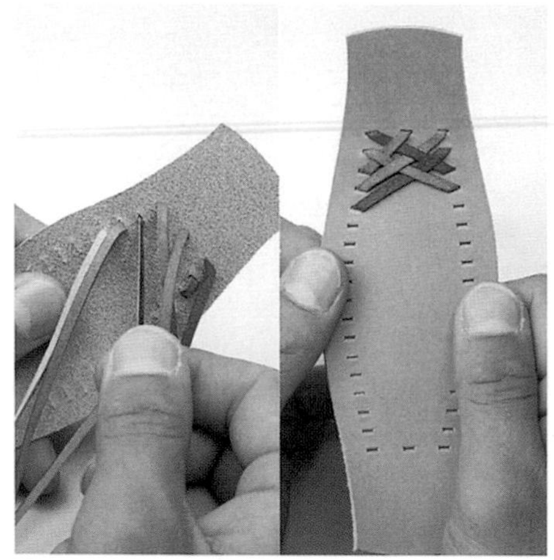

06 紅皮繩由肉面層側穿過上一孔（第二孔），穿向皮面層側後，由綠皮繩下方穿過左側第五孔。

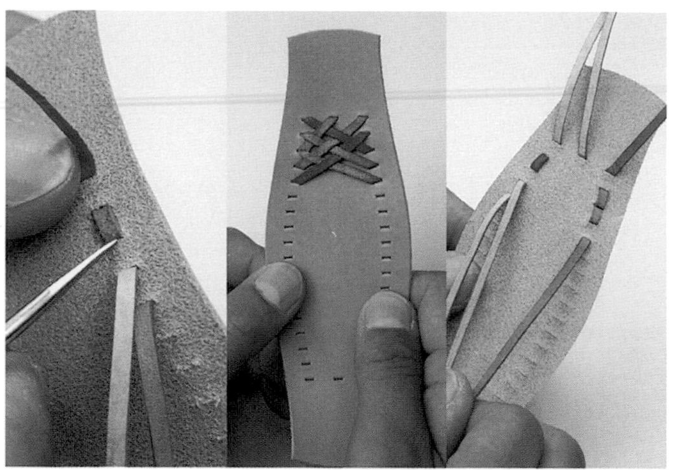

07 藍皮繩穿過上一孔（第三孔），穿向皮面層側後，由紅皮繩下方穿過右側第五孔。

08 依序編上綠、紅、藍三色皮繩。

09 小心穿繩拼貼花樣，避免弄錯上下關係。皮料背面只出現縱向排列的編目。

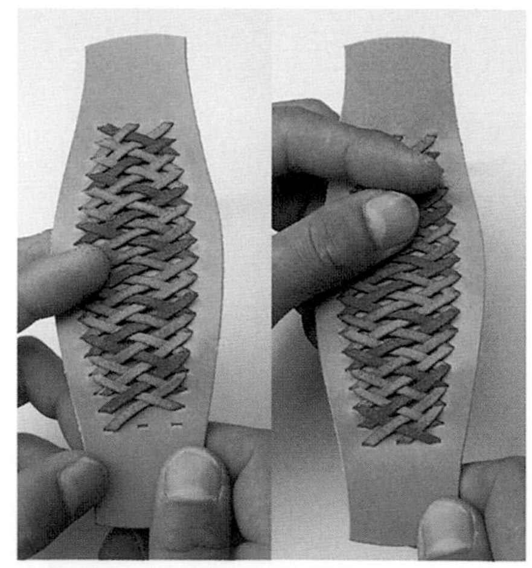

10 最後，皮繩端部全都穿向裡側。

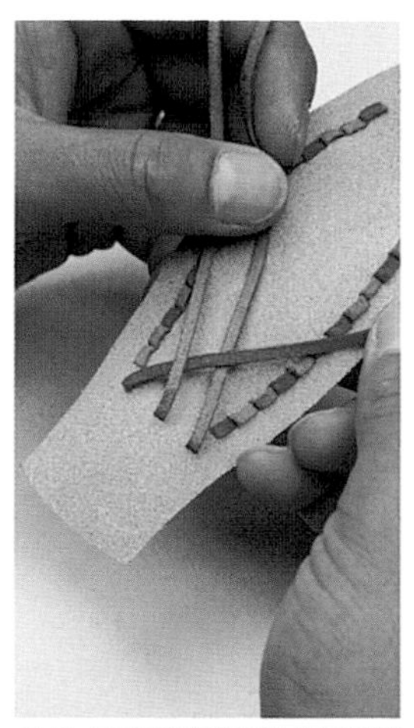

11 將皮繩端部穿過肉面層側編目後固定住。

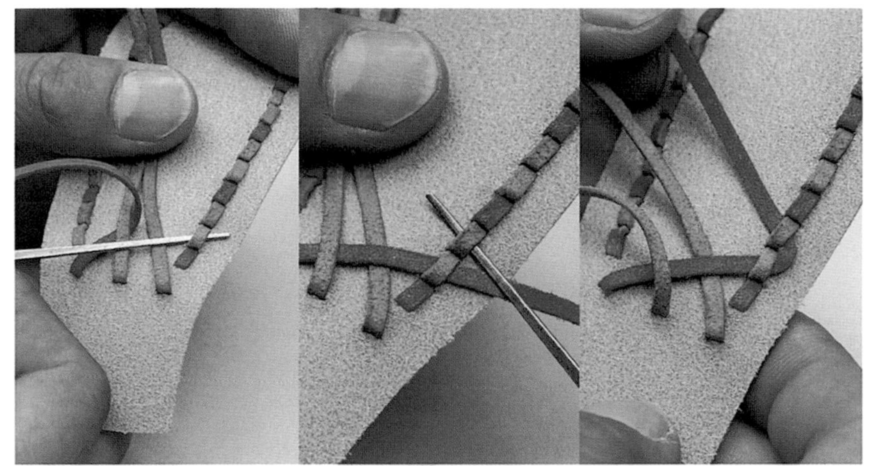

12 將皮繩調整至最自然的角度後穿過編目。先穿向外側，再穿向內側，穿成く字型。

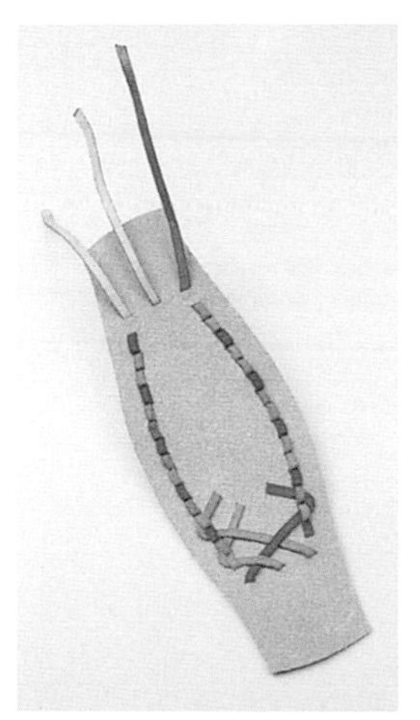

13 藍、綠皮繩穿過相反側的編目後固定住。另一端不穿繩，只是固定住。

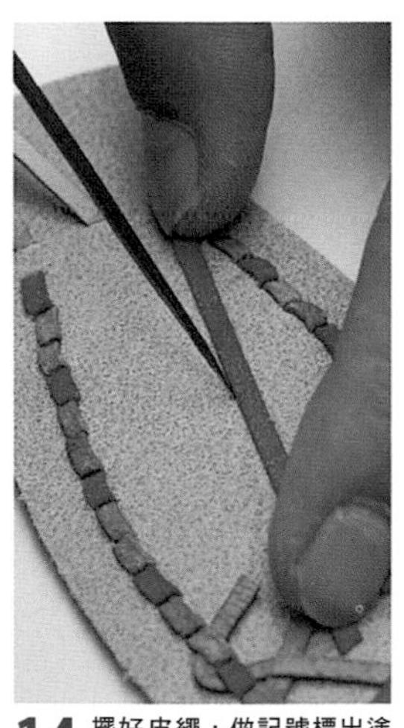

14 擺好皮繩，做記號標出塗抹膠料的位置。

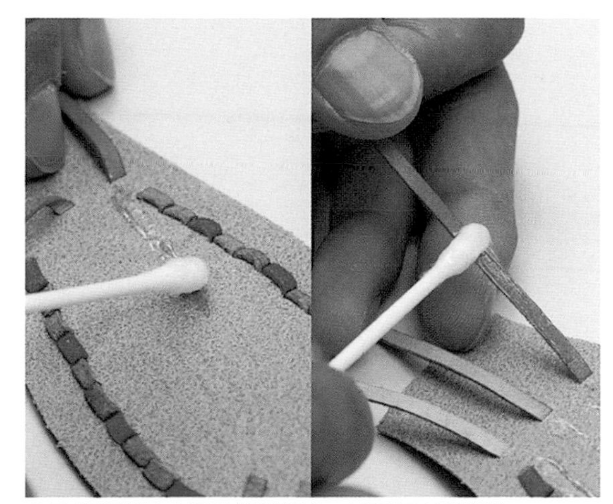

15 將膠料抹在步驟 14 做的記號處。皮繩背面也塗抹膠料。

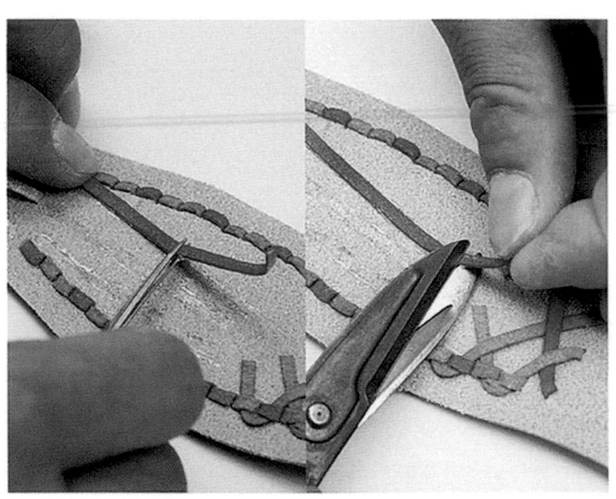

16 膠料半乾後黏貼皮繩。皮繩太長的話就修剪，再依個人喜好挑選處理方式。

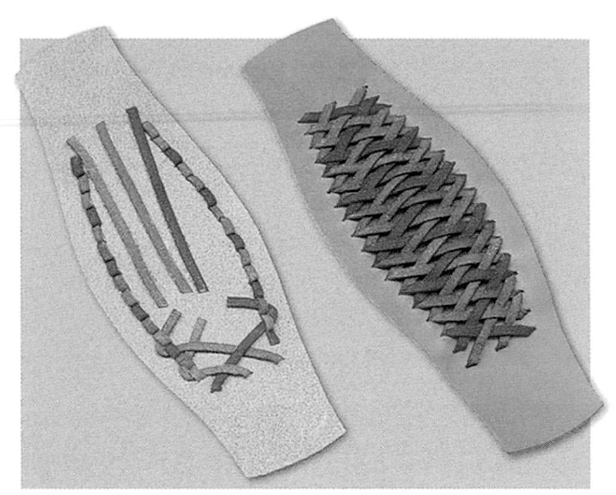

17 以三條皮繩完成平編拼貼花樣。皮繩下方可加入填充物以營造立體感。肉面層側使用兩塊皮料即可隱藏編目。

五股平編拼貼花樣

APPLIQUE OF FIVE THONGS BRAID

利用五條皮繩在皮料上穿繩拼貼花樣，過程比三股平編繁複，
卻可處理出更華麗、更有味道的拼貼效果。

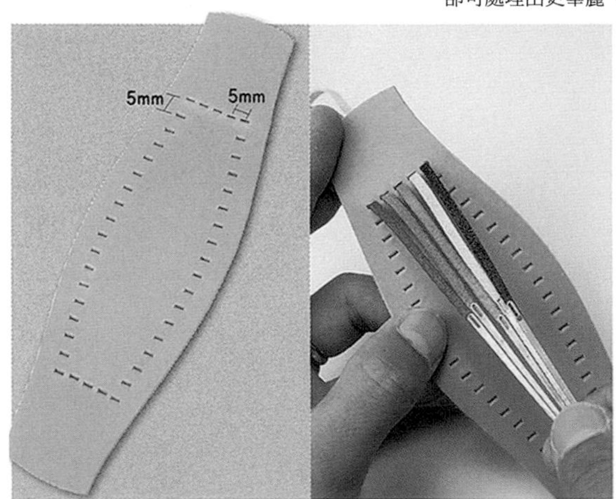

01 長邊、寬邊側都以5mm孔距打好孔洞。五條皮繩分別穿針，分別穿過最上方的五個孔洞。

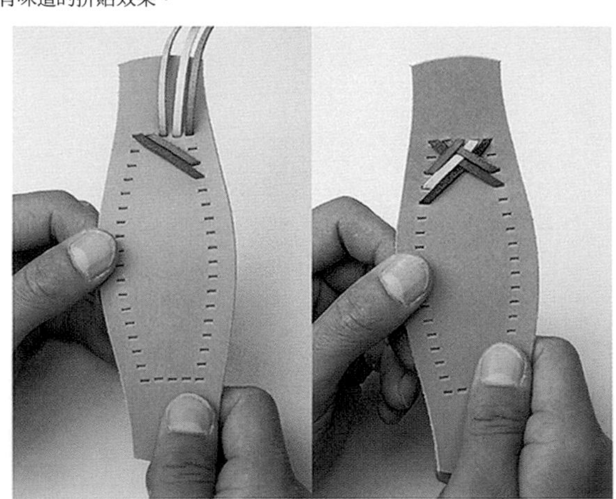

02 紅皮繩穿過右側第四孔，藍皮繩穿過第三孔。再將綠皮繩穿過左側第三孔，原色皮繩由藍皮繩下方穿過第四孔，茶色皮繩由藍和紅皮繩下方穿過第五孔。

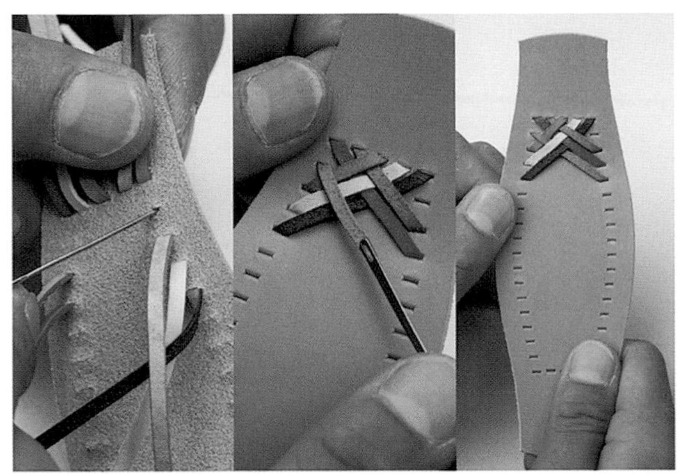

03 綠皮繩由肉面層側穿過上一個孔洞，穿向皮面層側後，由原色和茶色皮繩下方穿過右側第五孔。

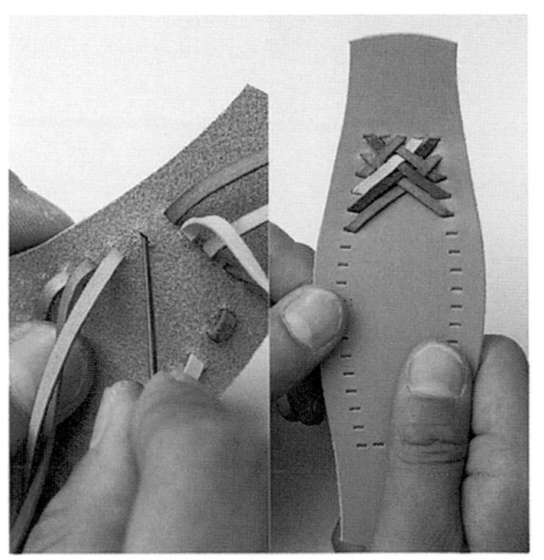

04 藍皮繩由肉面層穿過上一孔，穿向皮面層後由紅和綠皮繩下方穿過左側第六孔。

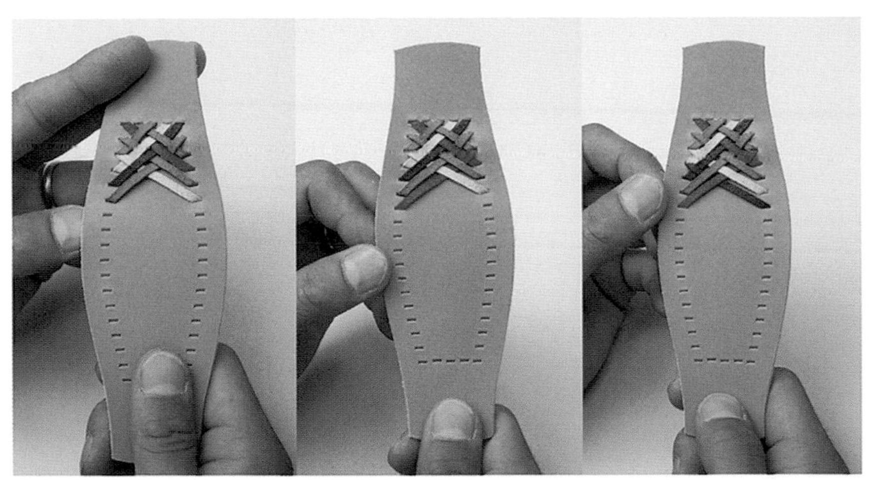

05 原色、紅色、茶色依序穿繩編花樣。由上一孔穿向皮面層後，經由兩條皮繩下方穿向另一側的孔洞，反覆以上步驟。

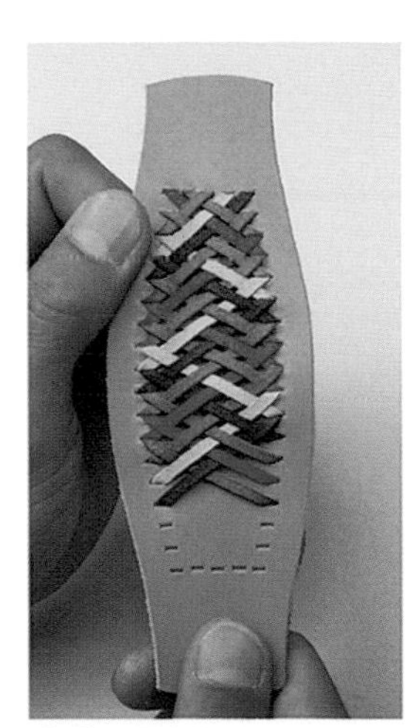

06 反覆步驟 **03 ～ 05** 完成穿繩作業。

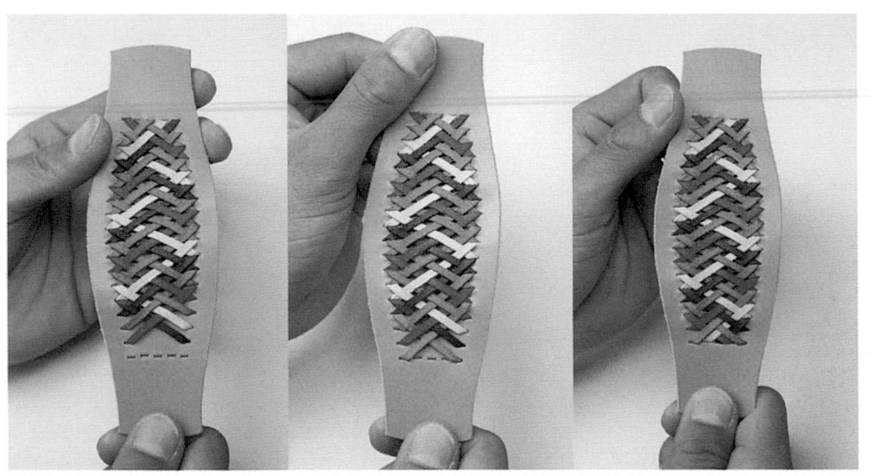

07 照片中為穿繩至最後一排孔洞前的狀態。綠皮繩穿過左側，藍皮繩穿過右側孔洞，左起第二孔穿原色，正中央穿茶色，右起第二孔穿紅色皮繩。

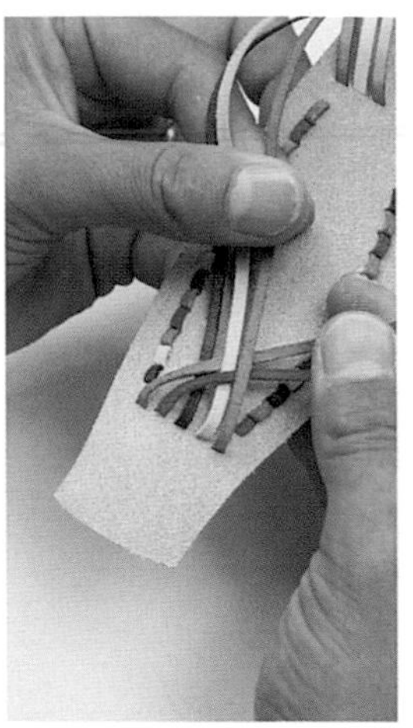

08 如三股平編交叉皮繩，再將皮繩穿過裡側的編目後固定住。

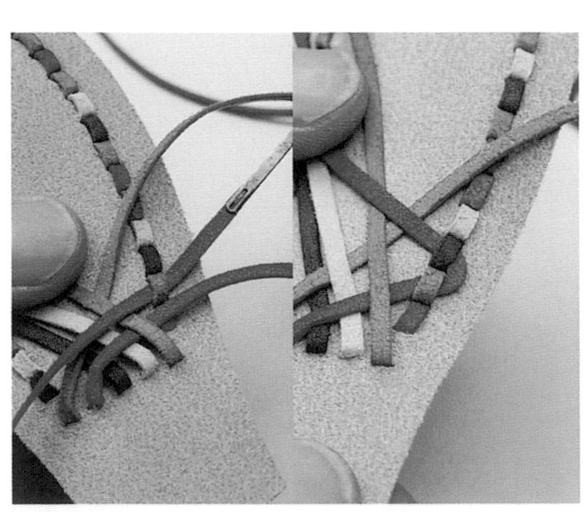

09 將皮繩穿過裡側的編目後固定住。將皮繩摺彎成く字型就不會形成厚度。

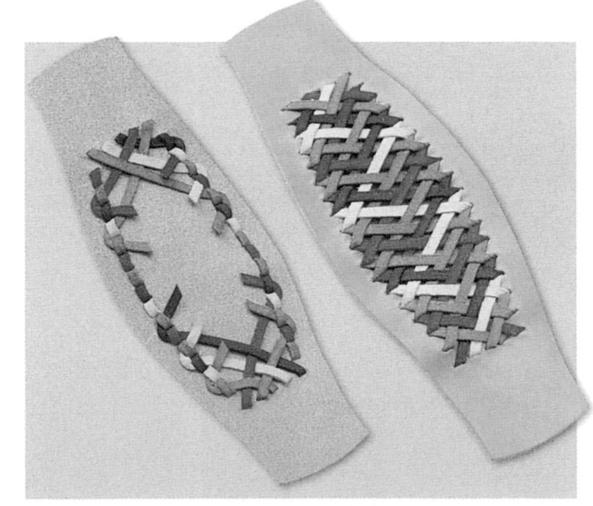

10 處理好上、下端的皮繩端部後，修剪掉多餘的皮繩，完成五股平編拼貼花樣。

作品實例3
ITEM SAMPLE 3

本單元主要是介紹GRAND ZERO以編繩拼貼技巧完成的作品和訂製品。編繩拼貼是既可用於營造視覺焦點，又可用於處理設計主體的裝飾技巧。

以五股平編技巧完成的穿繩拼貼花樣，將牛皮繩穿編在斬打圓孔的皮料上。

以編繩拼貼技巧完成扣帶，巧妙地在包包上形成視線焦點。

融合滾邊、平編拼貼、四股圓編這三種技巧的皮帶鑰匙圈。

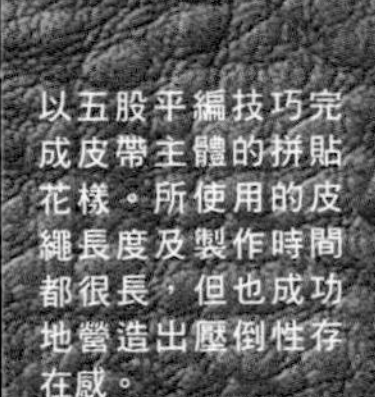

以五股平編技巧完成皮帶主體的拼貼花樣。所使用的皮繩長度及製作時間都很長，但也成功地營造出壓倒性存在感。

整個手環都以平編拼貼技巧演繹出華麗美感。

極簡造型的手環加上穿繩拼貼元素而處理得更經典。

以兩側的穿繩拼貼花樣襯托和風裝飾釦的萬用手冊。

ITEM SAMPLE 3

拼貼花樣和皮帶之間加入填充物而大幅提昇立體感的皮帶。

以三股平編拼貼花樣裝飾主體而成重點特徵的鑰匙包。

同樣以編繩拼貼技巧完成，袋鼠皮繩和牛皮繩編出來的感覺完全不同。

變換穿繩的孔洞位置即可表現出迥然不同的編繩拼貼效果。

平編拼貼花樣最適合用於裝飾皮帶。既可以同色系皮繩做簡單的編繩拼貼，亦可用不同色系皮繩編成重點裝飾。

以編繩拼貼花樣為裝飾的鹿皮腰包。包襠部位也加上編繩拼貼元素。

HOW TO MAKE ITEMS

作品製作

學會製作技巧後，一定要實際地把這些技巧活用在皮件作品上。
本單元將製作造型非常簡單的打火機套和鑰匙包。

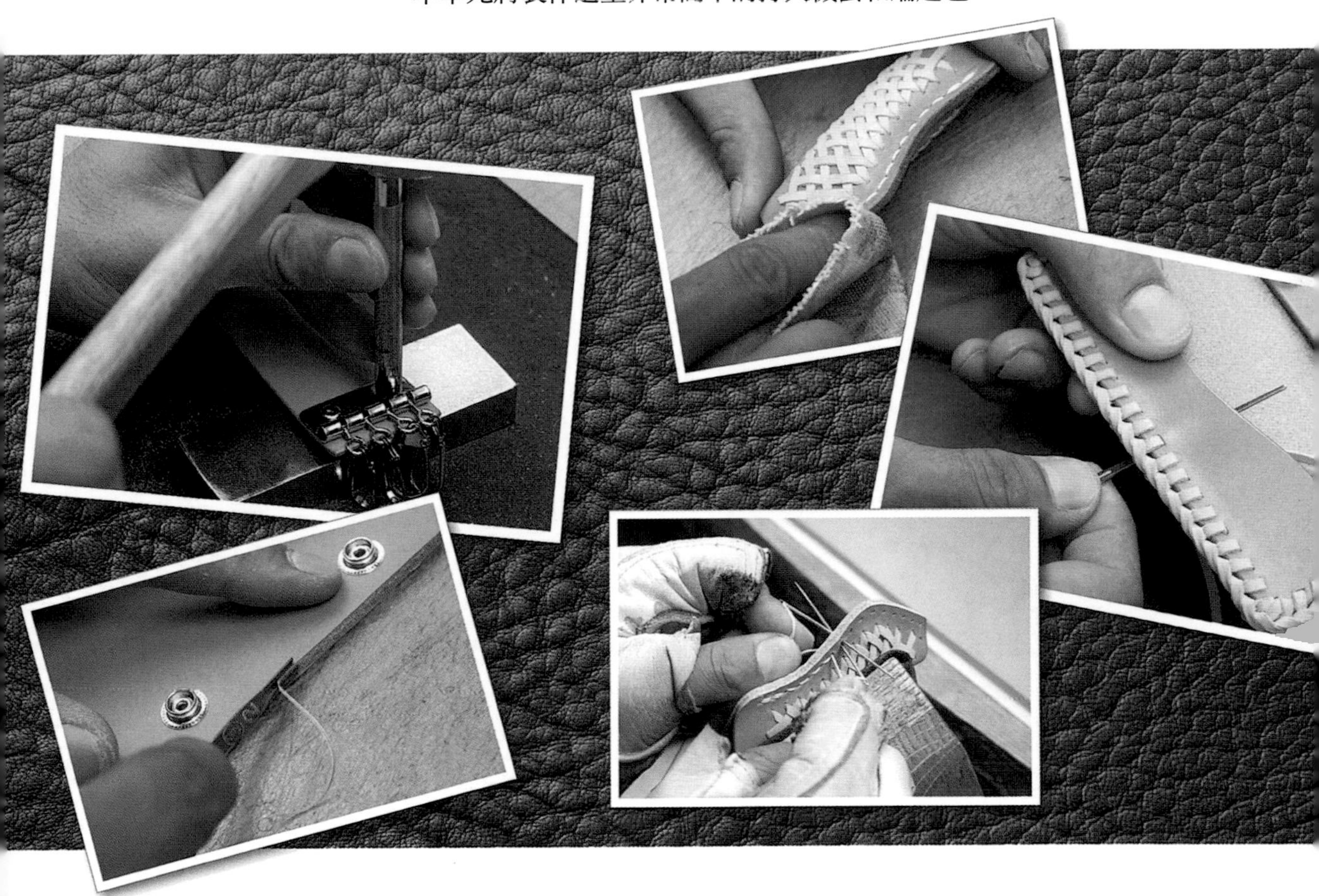

請注意 CAUTION

■ 本書是以期待讀者可以熟悉皮革編織的知識、作業與技術所編輯而成，但作業的成功與否還須仰賴作業者個人的技術及專注程度而定。另外，請讀者在操作工具時務必謹慎小心，以免意外受傷或造成工具的損壞。
■ 本書刊載之照片及產品內容可能與實物有所出入。
■ 書內刊載之紙型或圖案均為原創設計，僅限於個人使用。

LIGHTER CASE

打火機套

讓十塊錢的打火機變得獨一無二、華麗無比的打火機套。
最適合用於練習平編拼貼技巧。

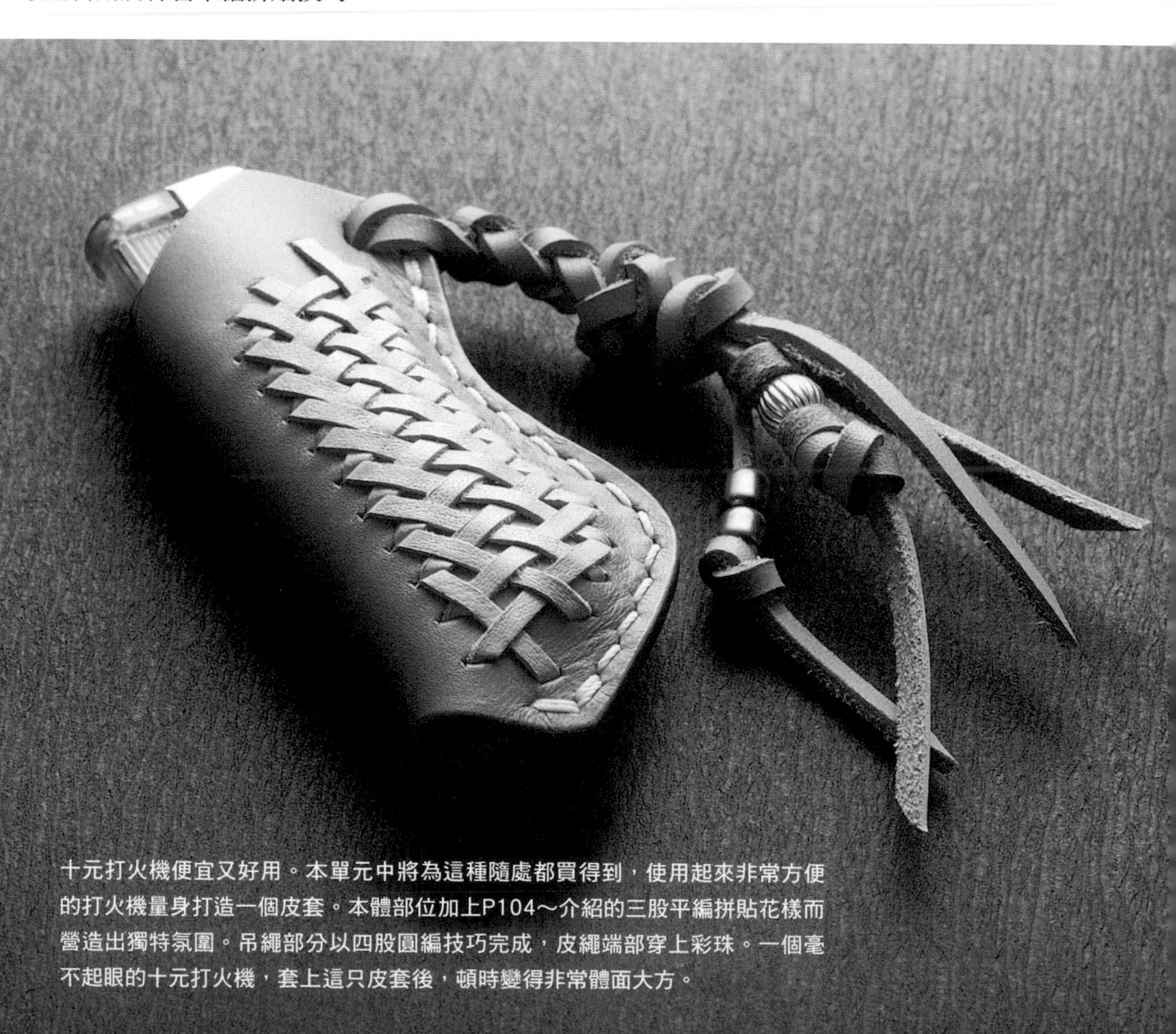

十元打火機便宜又好用。本單元中將為這種隨處都買得到，使用起來非常方便的打火機量身打造一個皮套。本體部位加上P104～介紹的三股平編拼貼花樣而營造出獨特氛圍。吊繩部分以四股圓編技巧完成，皮繩端部穿上彩珠。一個毫不起眼的十元打火機，套上這只皮套後，頓時變得非常體面大方。

紙型

下圖為原尺寸紙型，需配合使用的皮革厚度或質料調整尺寸。

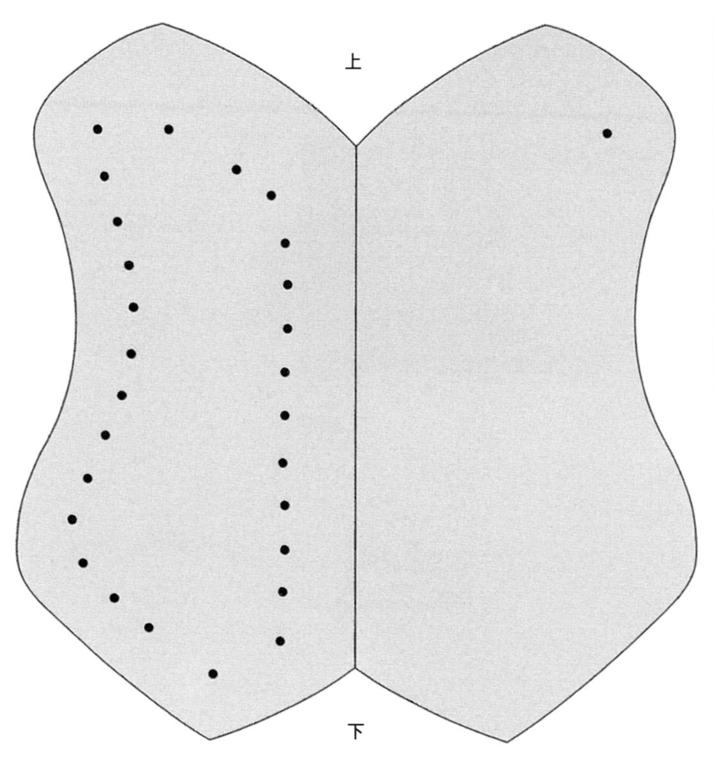

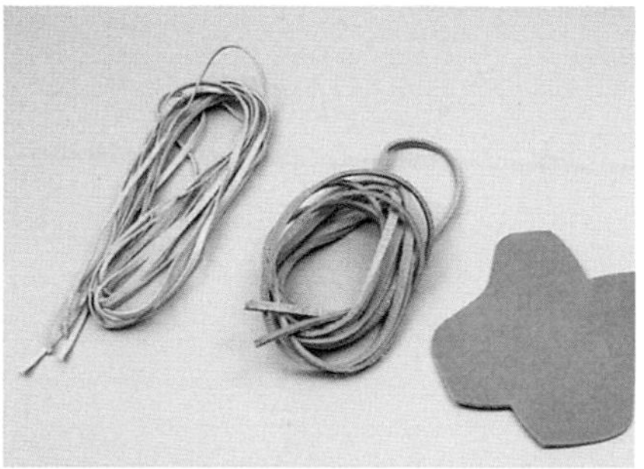

編繩拼貼部分使用袋鼠皮繩（長60mm×6條）。吊繩部分使用牛皮繩（寬4.0mm、長60cm×2條）。本體使用厚2mm的GRAND ZERO特殊皮革。

平編拼貼花樣

運用三股平編技巧，依序在本體上編繩拼貼花樣。
斬打孔洞位置可參考以上紙型或自己試著設計看看。

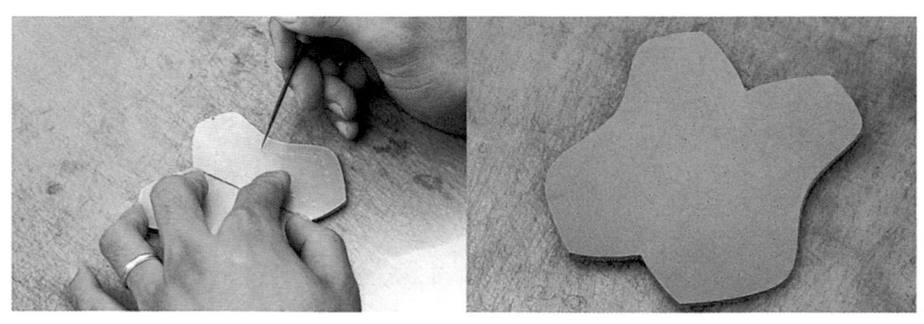

01

參考以上紙型，在本體的皮面層上做記號標上打孔位置。

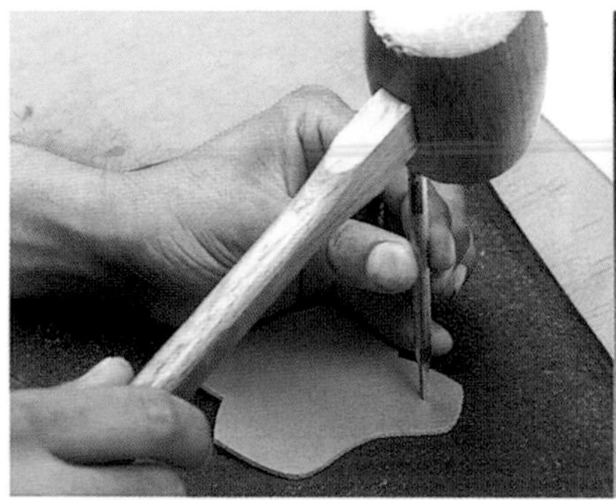

02

瞄準步驟 **01** 做的記號，敲打斬具以打上孔洞。位於皮料上、下的頂點的孔洞必須以步驟 **01** 的記號為中心點打孔。

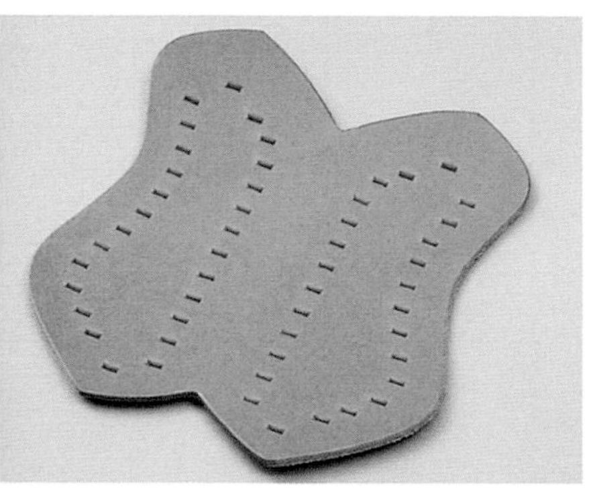

03

接著打上左右側的孔洞。斬具外邊對齊步驟 **01** 做的記號，亦即：必須將孔洞打在記號內側。

04 利用削邊器削除稜邊，只處理打火機插入口和底部開口處。

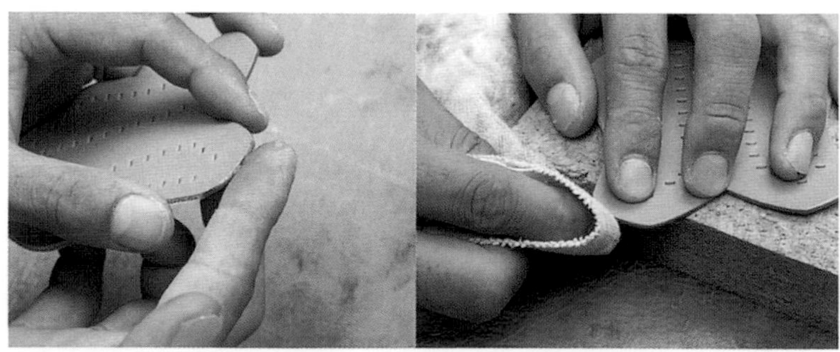

05 削除稜邊後，塗抹透明床面處理劑，再以布塊等打磨。裁切面處理手法非常多，就以自己喜歡的方法打磨吧！

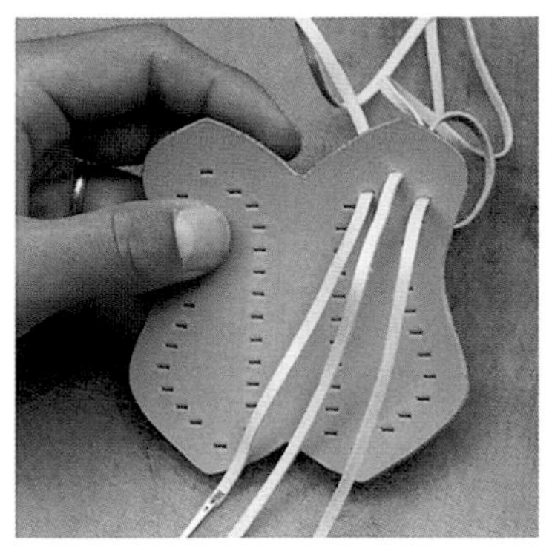

06

以三股平編技巧依序完成拼貼花樣。皮繩分別穿過上方孔洞，前端預留約10cm。

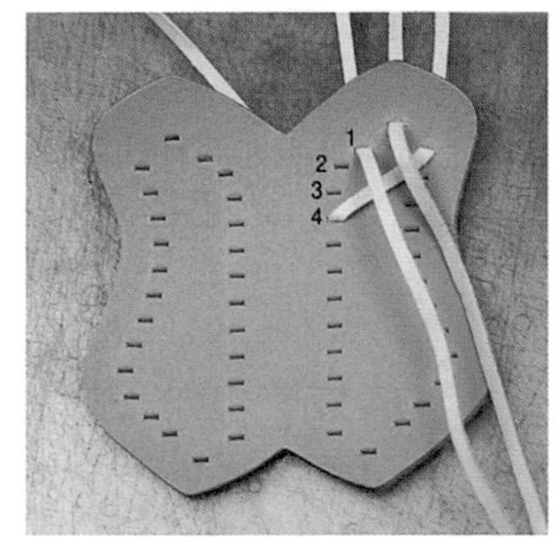

07

將右端的皮繩穿過左側第四孔。

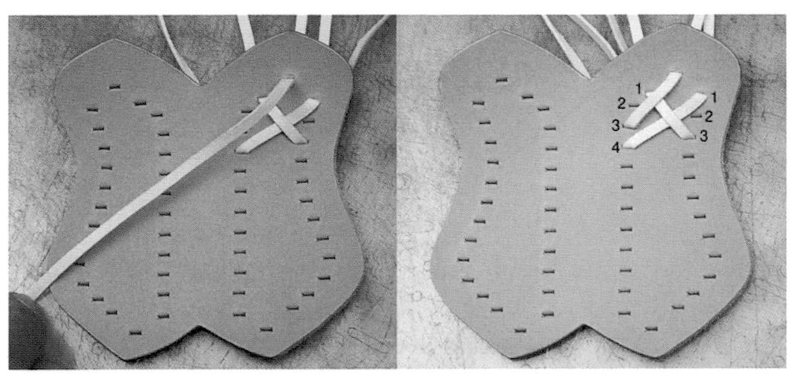

08

將左側皮繩穿過右側第三孔，再將中央的皮繩穿過左側第三孔。

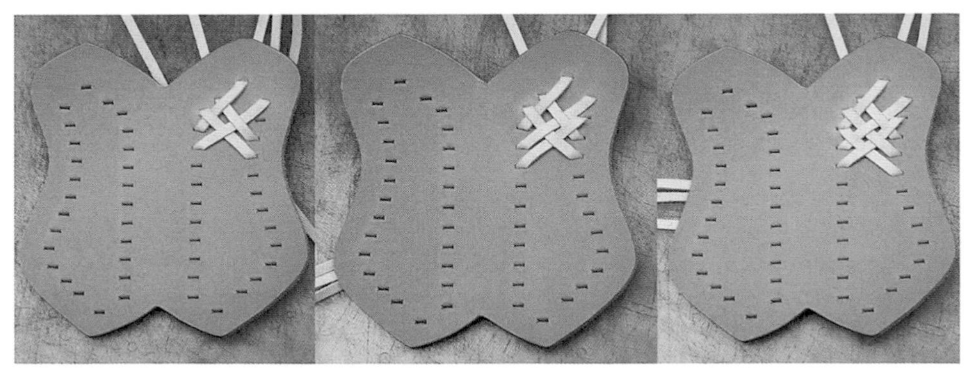

09

中央的皮繩由肉面層側穿過第二孔（上一孔），穿向皮面層側後穿過右側第四孔。再以相同步驟編上左、右側皮繩。

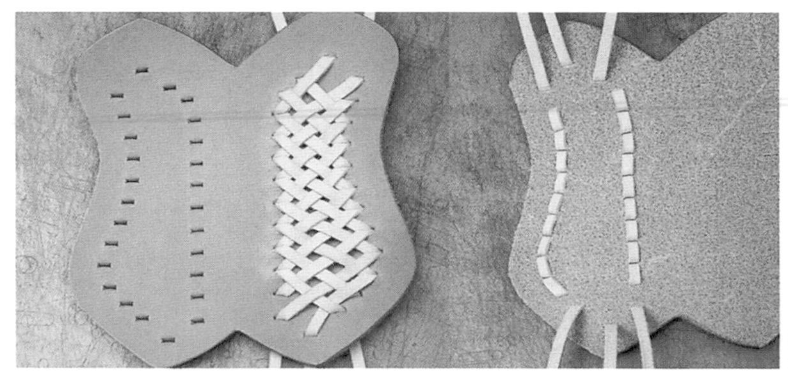

10

編繩至最後一個孔洞之狀態。詳細編法請參考P105～。

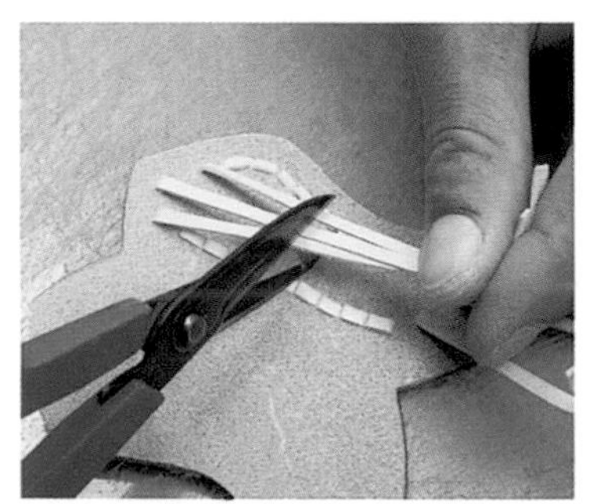

11 將皮繩修剪成適當長度。

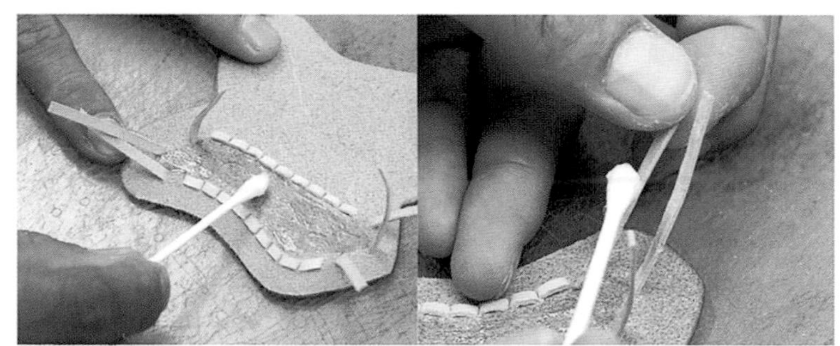

12 本體和皮繩的肉面層分別塗抹膠料。

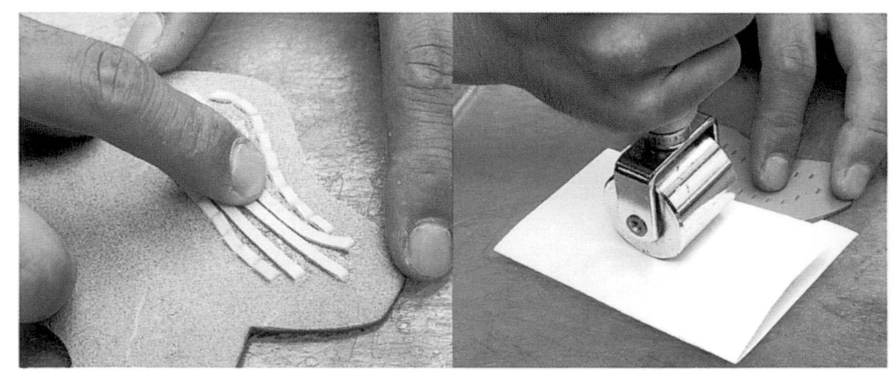

13

膠料半乾後，將皮繩端部貼在本體上，再鋪好影印紙等，表側朝上擺好本體，蓋上紙張，以推輪滾壓得更密合。

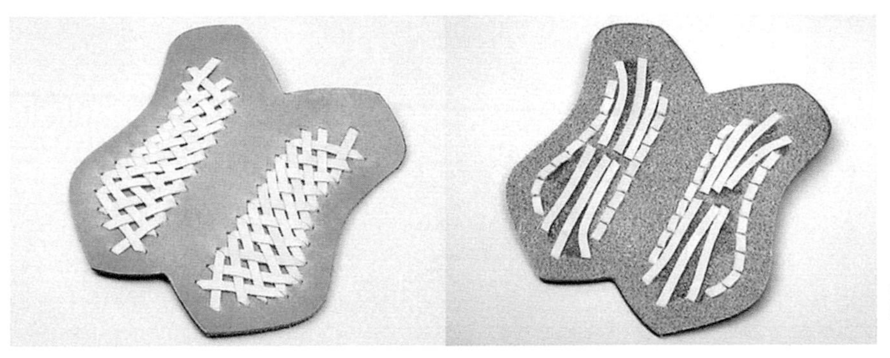

14

反覆步驟 **06～13**，以平編技巧完成另一側的編繩拼貼花樣。

縫製

將本體對摺成兩半後依序縫合。此作品不採用皮繩滾邊方式，使用尼龍線，以平縫技巧完成縫合作業。可配合皮繩顏色變換縫線顏色。

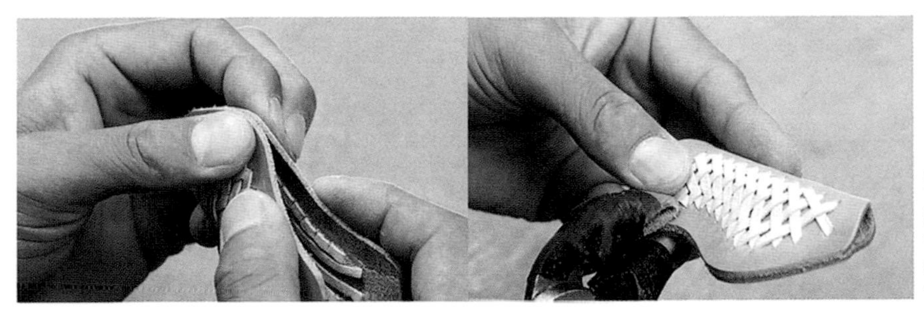

01

距離本體邊緣約5mm處塗抹橡皮膠等接著劑，膠料半乾後貼合，再以夾鉗或老虎鉗等夾住皮料以促使黏合。

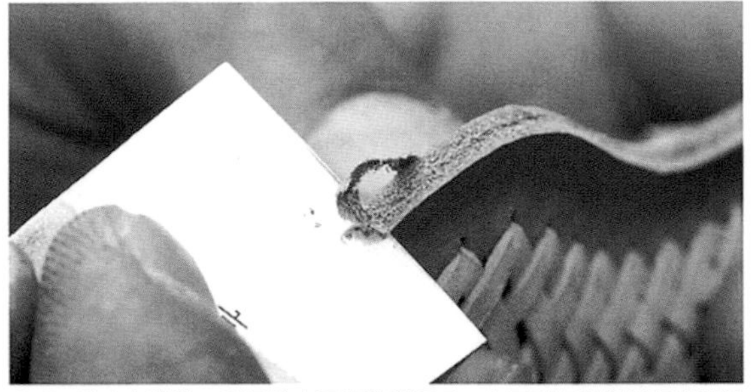

02 貼合本體後，利用裁皮刀修整裁切面，亦可利用砂紙等打磨裁切面。

03 將間距規設定為寬3.5mm後描畫縫合線。

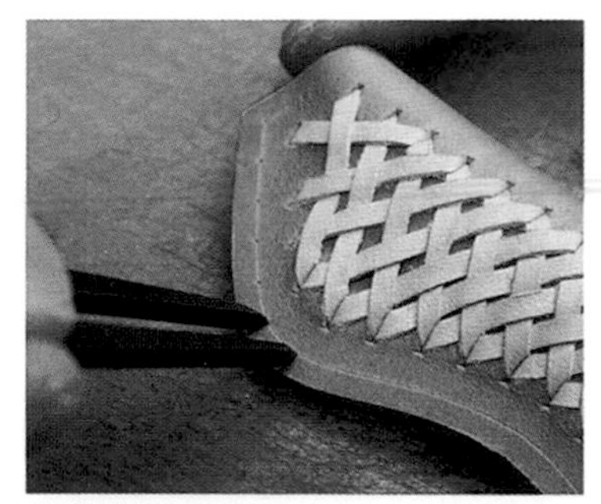

04 將間距規設定為寬5.5mm，做記號標好鑽縫孔的位置。

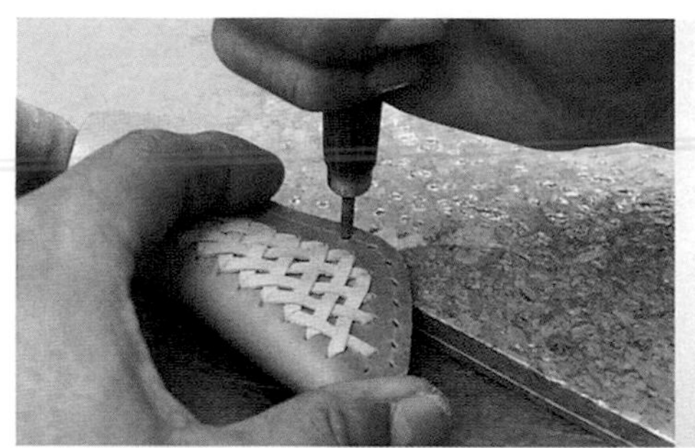

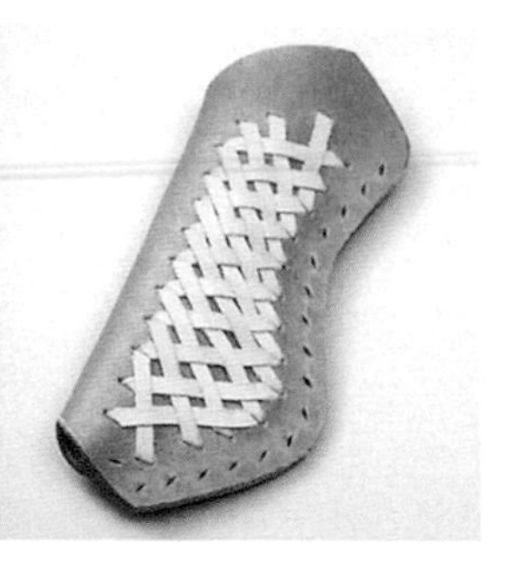

05 瞄準步驟 **04** 做的記號，以菱錐依序鑽上縫孔。

06 手縫針穿上尼龍線後以平縫技巧依序縫合。GRAND ZERO通常將前兩個縫孔縫上兩道線後才開始縫合。

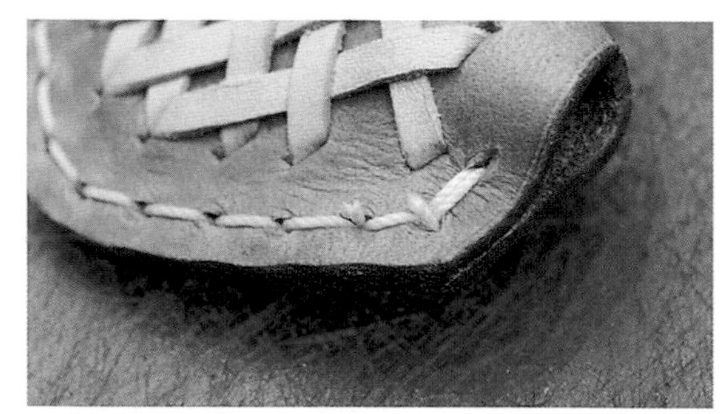

07 縫合終點和起點一樣，最後兩孔必須回縫兩道線，且留下約2mm線頭才剪斷縫線。

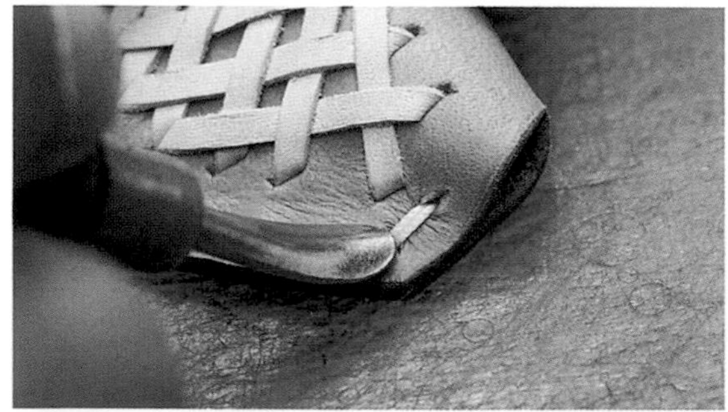

08 利用打火機燒燙線頭，再以壓叉器端部或打火機底部壓黏固定住。

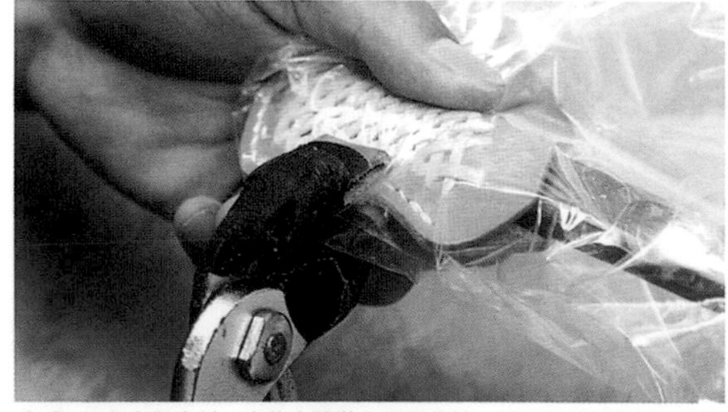

09 避免夾傷皮料，先將本體裝入塑膠袋等，再利用鉗具將針目夾得更服貼。

10 利用削邊器削除縫合部位的稜邊。

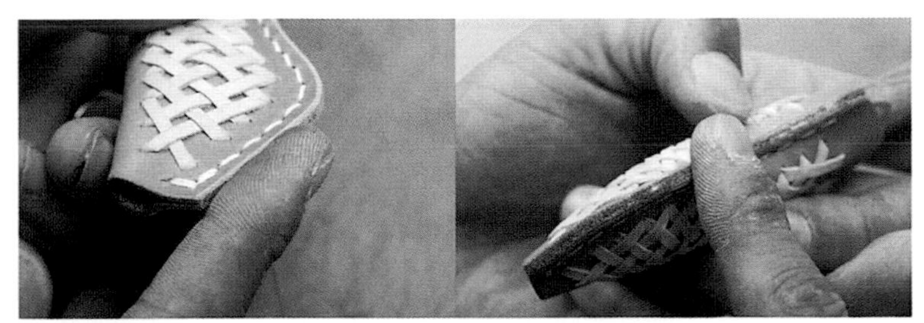

11 將透明床面處理劑塗抹在縫合部位的裁切面上。

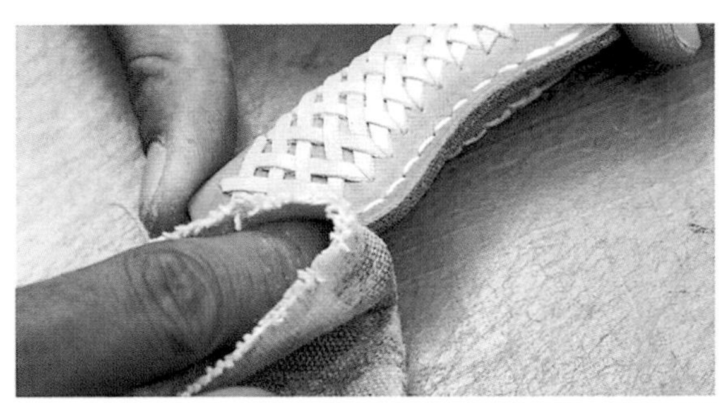

12 先經布塊打磨，再以砂紙微微地磨過，反覆步驟 **11** ～ **12** 即可將裁切面處理得更美觀。

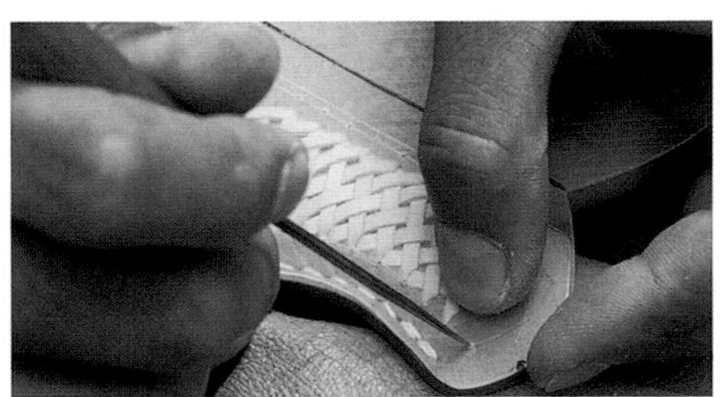

13 瞄準紙型上的記號，標好安裝吊繩的孔洞位置。

14
將15號圓斬抵在步驟 **13** 做的記號上斬打孔洞。

製作吊繩

將吊繩裝在打火機套上。編織一條40mm的四股圓編飾帶，
皮繩端部裝上珠珠。以先前介紹的技巧編製吊繩吧！

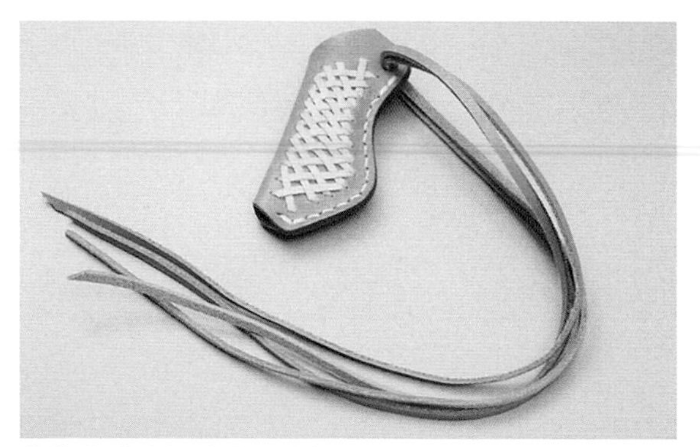

01 將2條牛皮繩穿過前頁斬打的孔洞，這裡使用2條寬4.0mm×長60cm的牛皮繩。

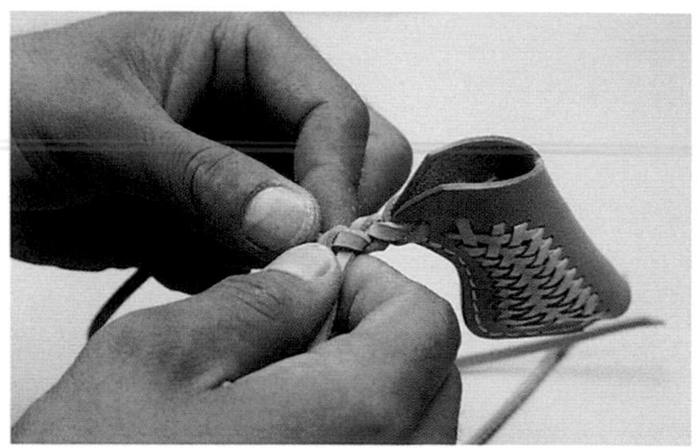

02 編織40mm左右的四股圓編，四股圓編方法參考P22～。

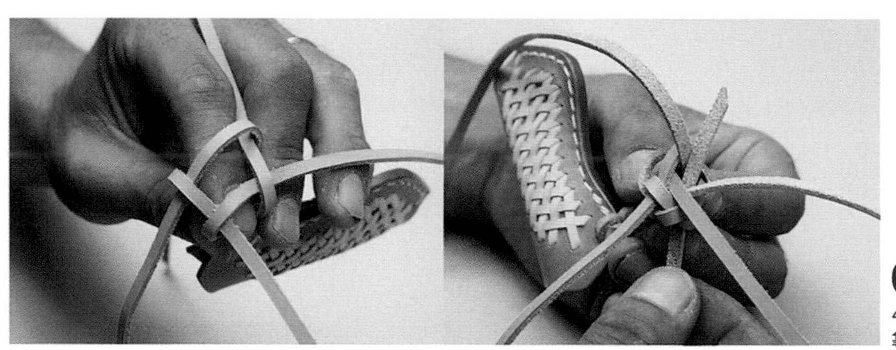

03
4條皮繩揩成方形後將編目往中央靠攏，詳細編法請參考P86～87。

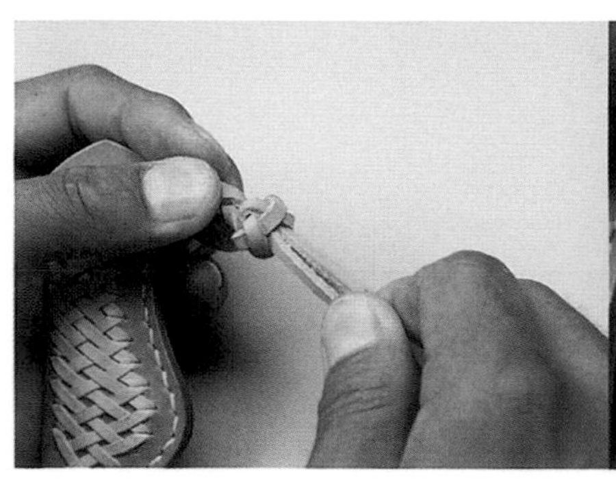

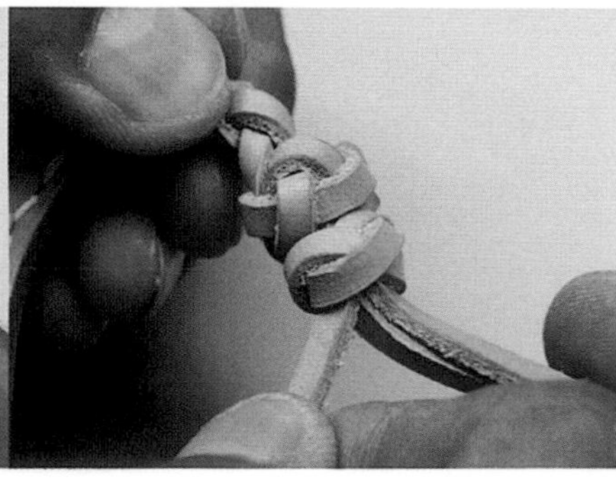

04
拉緊4條皮繩後綁緊，再以自己喜歡的方法打結。第二個結打不打也沒關係。

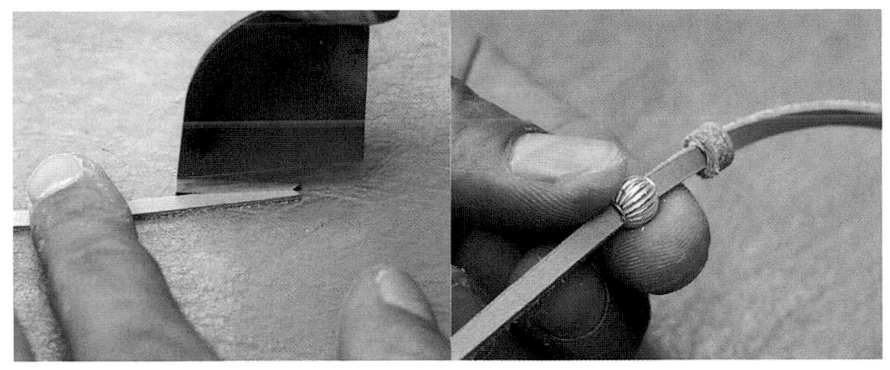

05

斜切皮繩端部以順利穿入珠珠。穿入自己喜歡的珠珠吧！

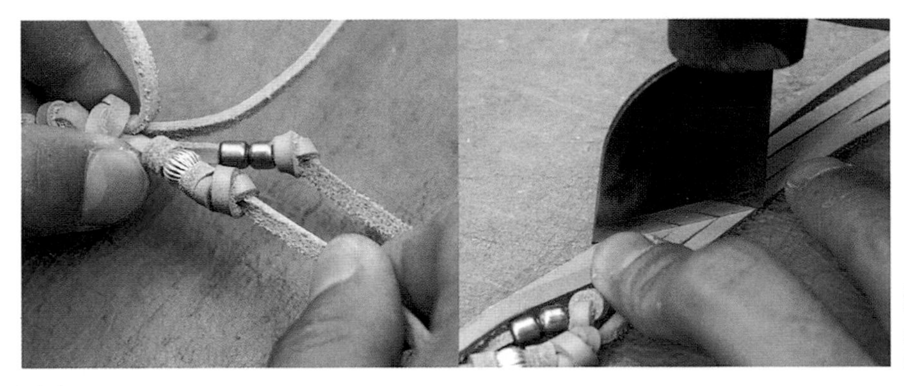

06

穿入珠珠後在適當位置打結以固定住，再將皮繩修剪成適當長度。

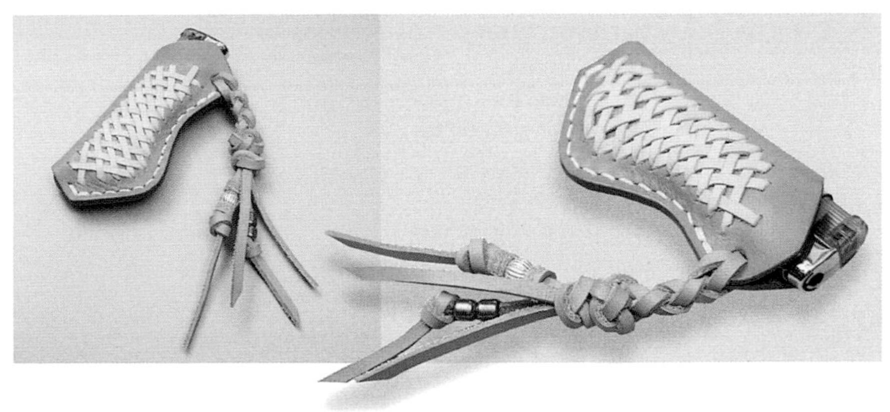

07

完成打火機套。照片中作品完全使用原色皮革，使用有色皮革即可製作不同氛圍的作品。

KEY CASE

鑰匙包

以三繩滾邊技巧處理皮料周邊，完成一只可將家門、
家用車或腳踏車等重要鑰匙彙整在一起的鑰匙包。

本單元中將介紹一款百看不厭，由四塊皮料和金屬配件構成的基本款鑰匙包，作法本身並不困難，但因四周施以三繩滾邊而必須使用長達5m的皮繩。使用已經裁成需要長度的長皮繩就可以省下中途再銜接的工夫，還可將作品處理得更堅固耐用。滾邊終點的皮繩端部藏入兩塊皮料之間就不會顯得那麼醒目。

紙型

將下圖放大200%就相當於原尺寸紙型。不過必須依據使用皮料厚度或質地調整尺寸。
本作品使用厚2mm的皮料。

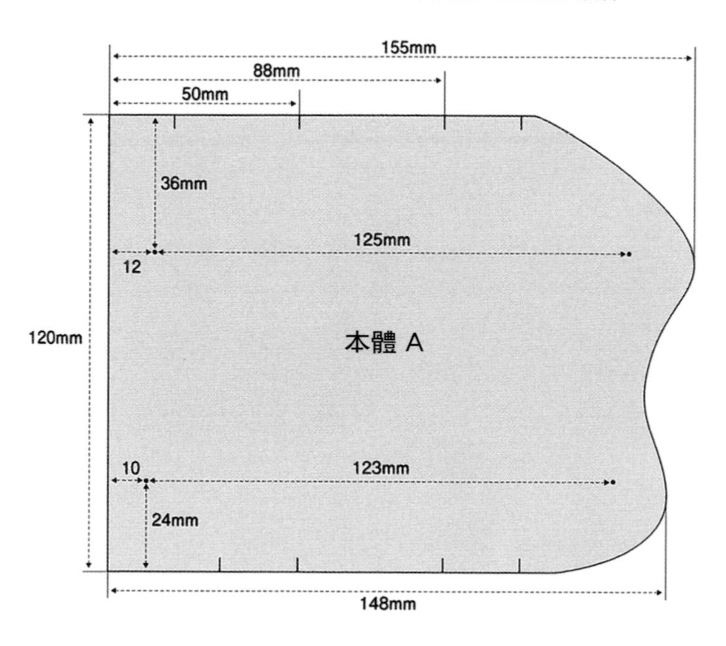

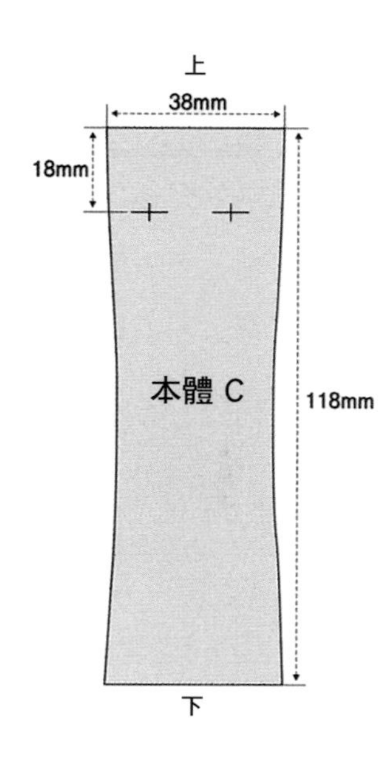

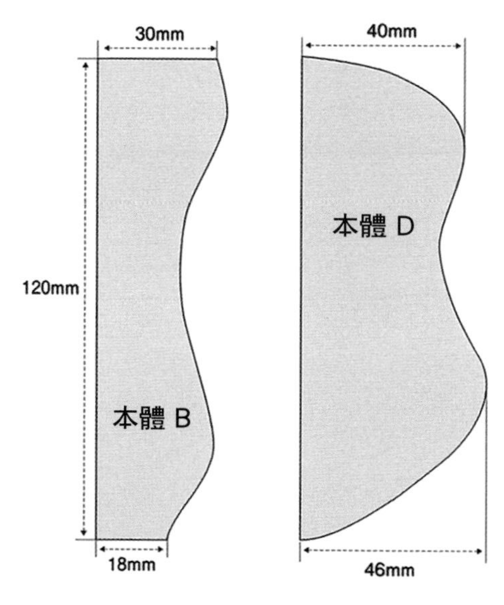

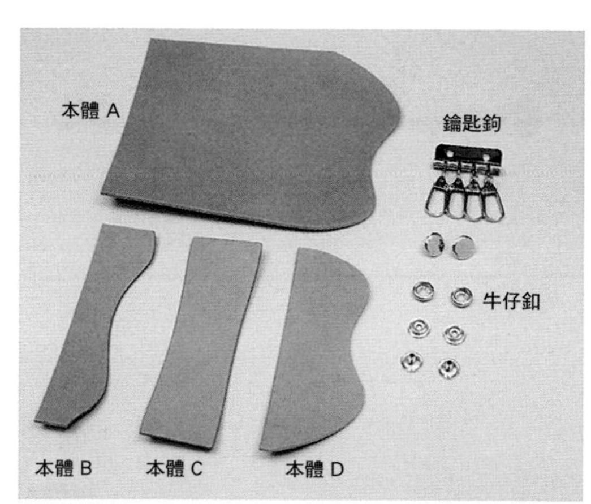

本體使用厚2mm的GRAND ZERO特殊皮革。鑰匙包零件（四鉤）寬37mm，牛仔釦直徑12mm。其他為適用於鑰匙鉤的雙面固定釦。

組裝

安裝牛仔釦後依序貼合本體A、B、C。
安裝孔是滾邊漂不漂亮的重大關鍵，務必留意打孔位置。

01 做記號標好配件固定位置，再以圓斬打孔。就著紙型在本體A、B、C上做記號後以10號圓斬打穿孔洞。安裝鑰匙鉤的本體C以8號圓斬打孔。其次，畫紅線部分必須於此時削除稜邊，打磨裁切面。

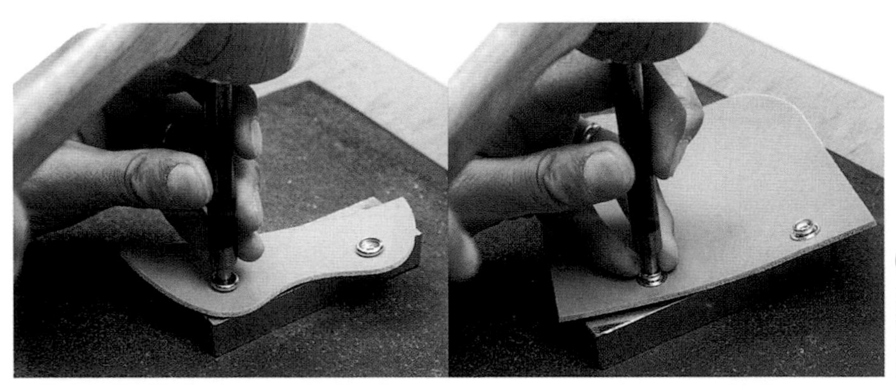

02
步驟 **01** 打孔後插入牛仔釦，然後擺在萬用環狀台上以釦斬固定住。豎直牛仔釦斬，慢慢地敲打釦斬以固定住釦件。

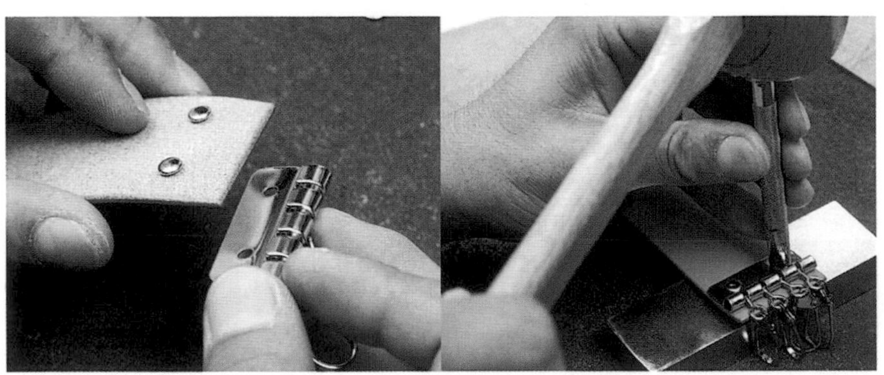

03
安裝本體C和鑰匙鉤。由本體C的肉面層側插入固定釦的公釦，擺好鑰匙鉤固定片，再套上母釦，然後以萬用環狀台的平面側固定住。

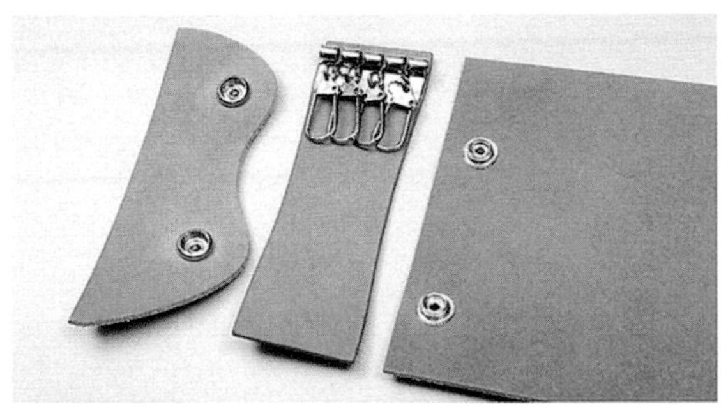

04 安裝金屬配件後的狀態。小心安裝以免弄錯牛仔釦的公、母釦。

05 對齊邊角後，將本體D擺在本體A上，再用錐子等工具沿著內側描線，描好塗抹膠料的範圍。

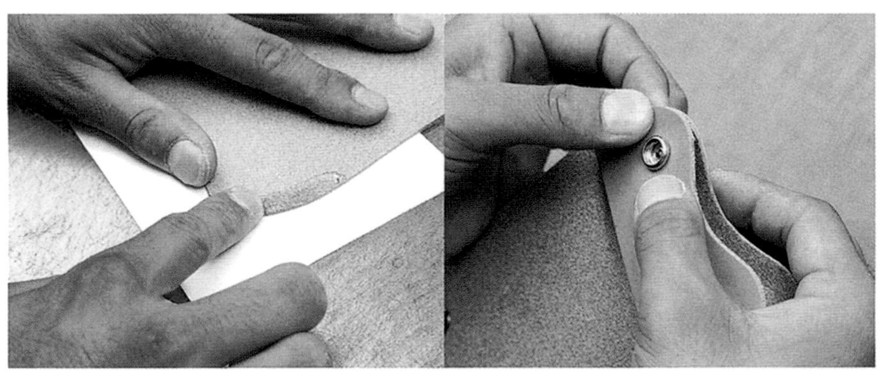

06
步驟 **05** 描線外側（寬約5mm）和本體D上分別塗抹膠料。膠料半乾後，對齊邊角，貼合皮料。

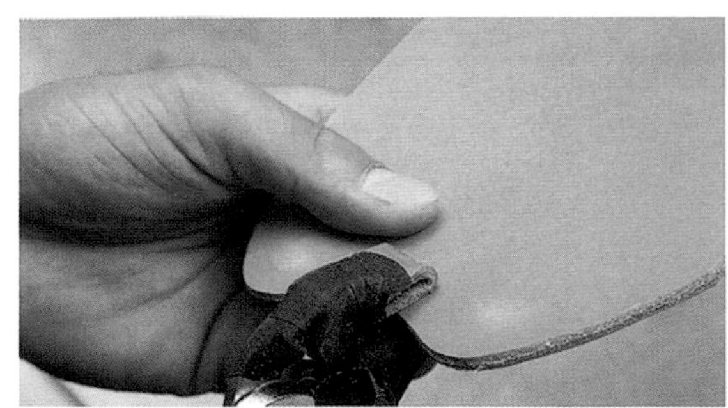

07 利用鉗具等夾住貼合部位。使用夾鉗時，在鉗口纏上皮料即可避免夾傷作品。

08 以步驟 **05** ～ **07** 要領將本體B貼在本體A上。

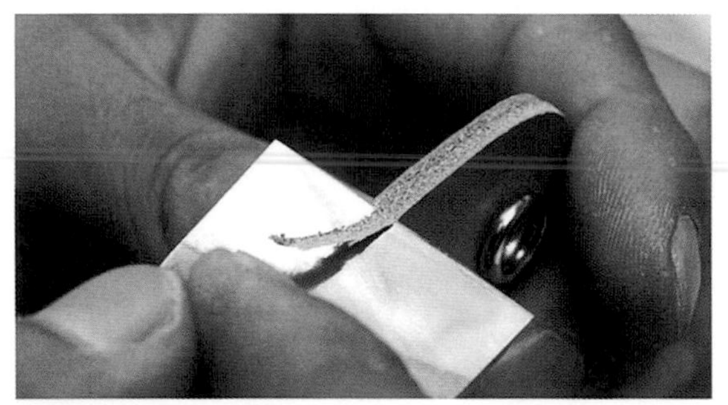

09 利用裁皮刀修整步驟 **07** 和 **08** 貼合部位的裁切面。

10 利用裁皮刀斜斜地切除貼合本體B部位的兩個直角，以便處理出更圓潤的滾邊狀態。

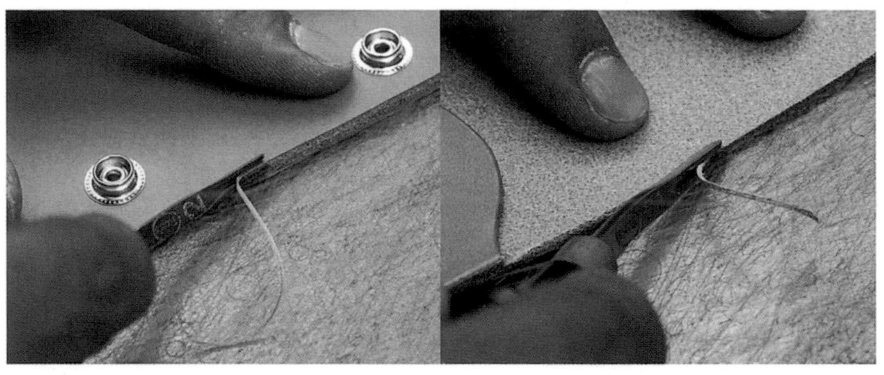

11

利用削邊器削除所有稜邊，但步驟 **01** 紅線部位不用再處理。

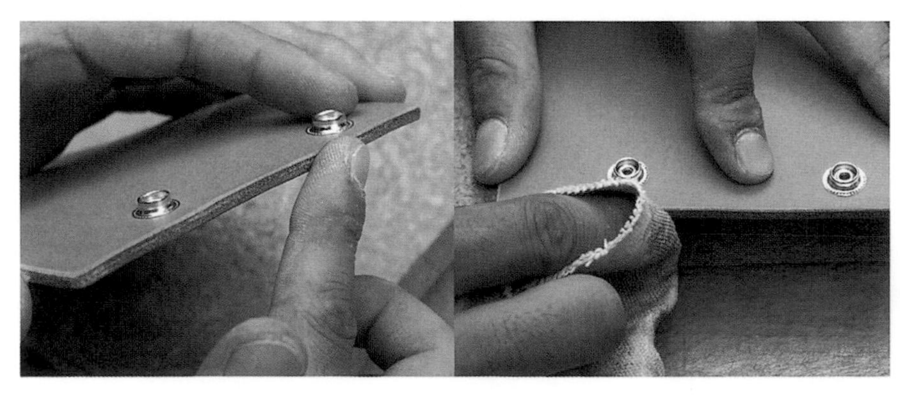

12

削除稜邊後塗抹透明床面處理劑等以打磨裁切面。GRAND ZERO通常依據厚度或部位選用布料或打磨用品。

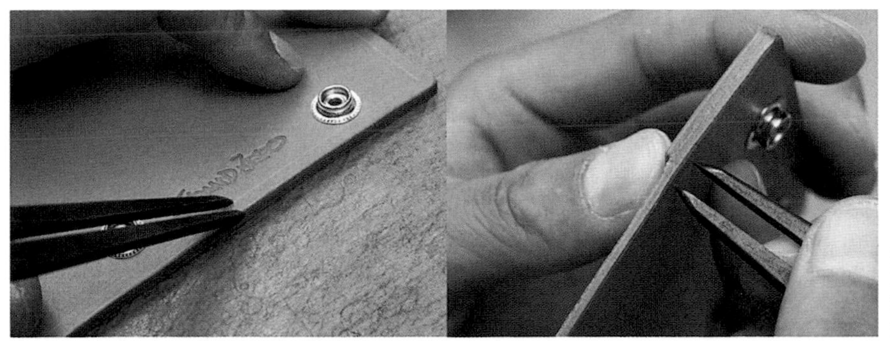

13

間距規設定為寬4mm後沿著本體A周邊描畫滾邊線。描好後將間距規設定為寬5.5mm，做記號標好跨越高低差部位的孔洞位置。

POINT

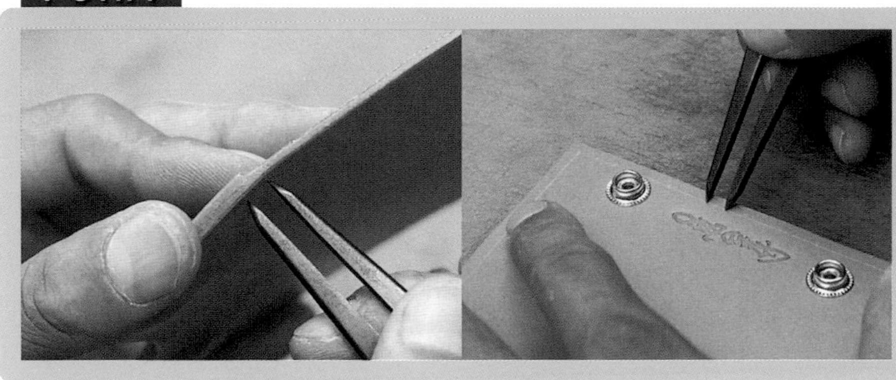

14

做記號標滾邊孔洞位置時，孔洞必須跨越本體A、B和D的高低差部位。因此，建議做記號標好4個高低差部位和鑰匙鉤安裝位置後才做外圍記號。

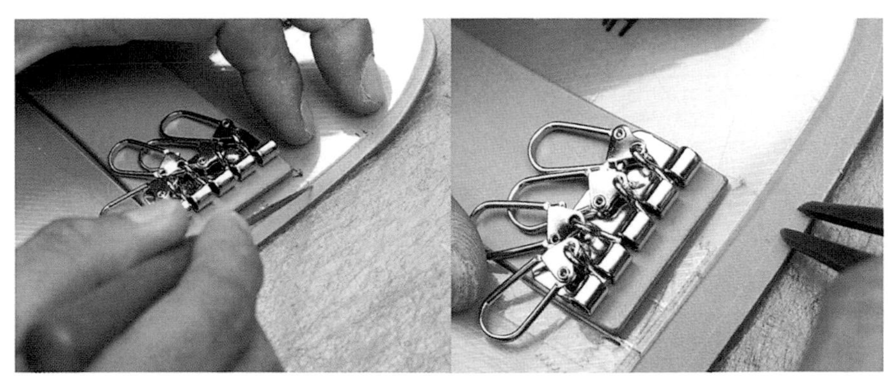

15

本體A裡側朝上，透過紙型做記號標好本體C的安裝位置。接著在跨越本體C和A的高低差部位做記號標好孔洞位置。

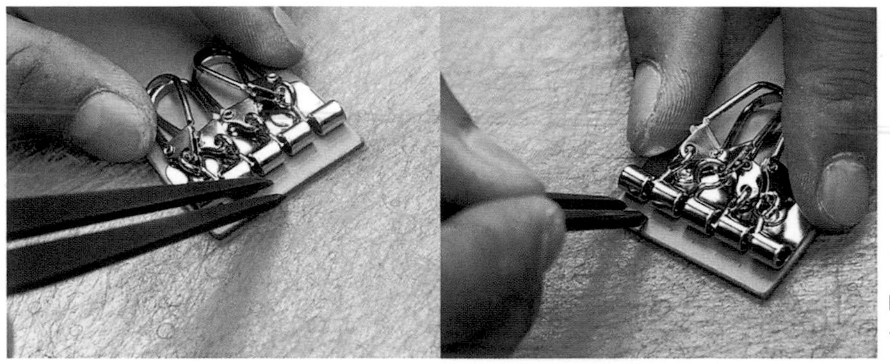

16

間距規設定為寬5mm，在本體C上、下方描畫滾邊線。以相同寬度（5mm）做記號標好滾邊孔位置。

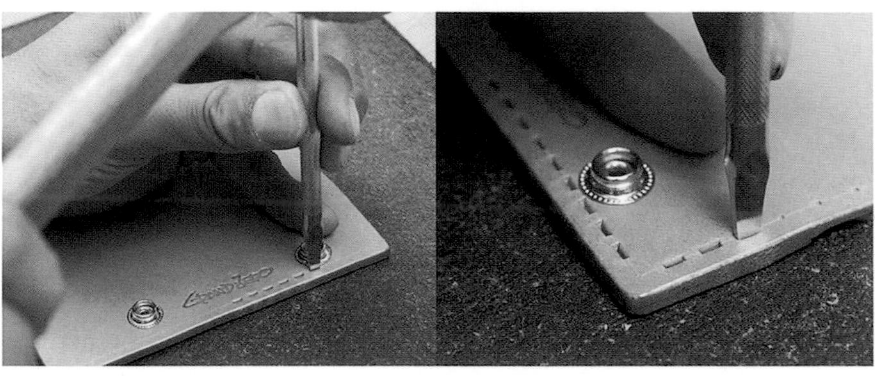

17

瞄準步驟 **13～15** 做的記號，依序打上孔洞，只打直線部位，轉角處暫不打孔。

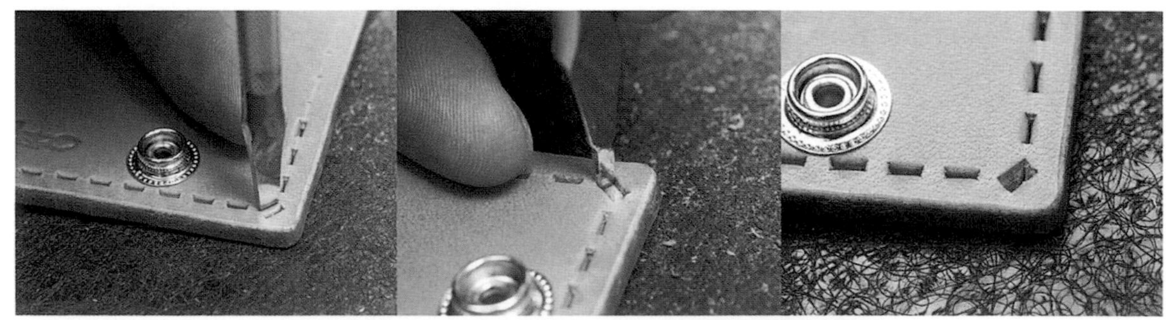

18

直線部位打好孔洞後才斬打轉角的孔洞。本作品轉角處將繞縫三次皮繩，因此斬打成長形孔（如圖右）。瞄準記號打上孔洞後，靠內側約2mm打第二孔，然後利用寬2mm的斬具斬打孔洞兩側以鑿穿孔洞。

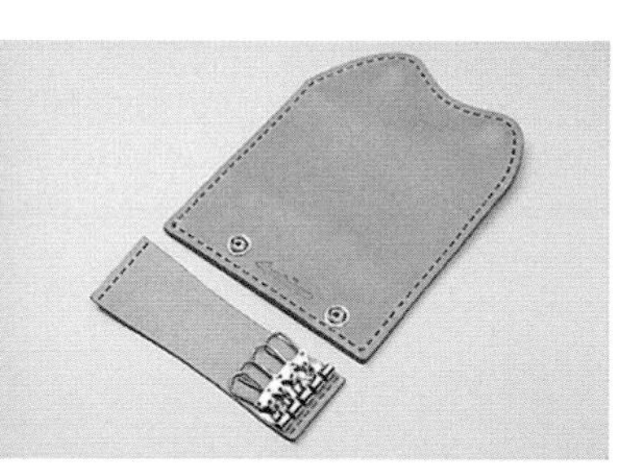

19 接著斬打本體C的孔洞。打好內側後，邊調整空隙、邊斬打兩端，依序完成滾邊孔洞斬打作業。

滾邊

準備以皮繩繞縫本體周邊。安裝鑰匙鉤的本體C不黏貼，直接和本體繞縫在一起。
運用三繩滾邊技巧依序完成滾邊作業。

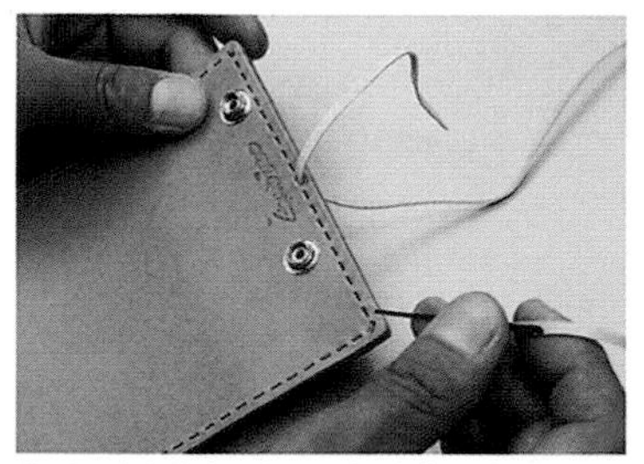

01 由直線中段部位開始滾邊。針穿好皮繩後由外側穿過孔洞。

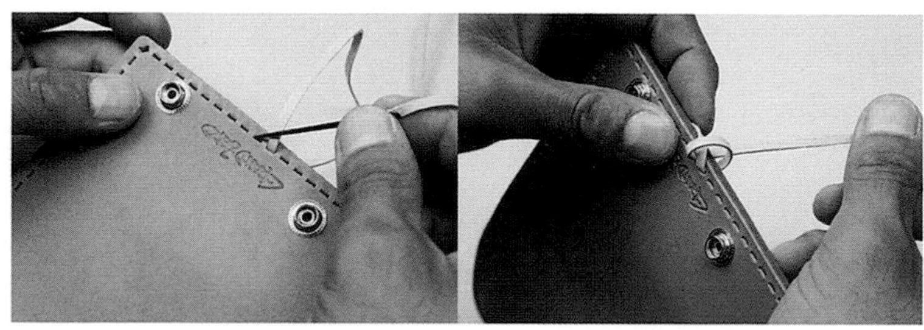

02 先將皮繩端部拉向左側，再將針穿過行進方向另一側的孔洞，拉緊後就和皮繩端部呈交叉狀態。

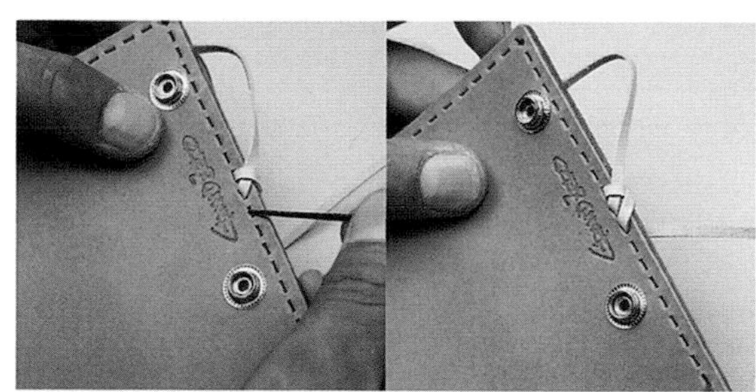

03 繼續往行進方向繞縫，將皮繩穿過下一個孔洞。

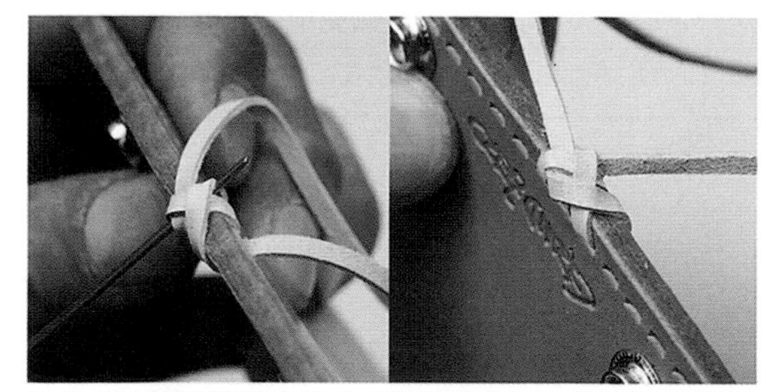

04 將針穿過步驟 **02** 和 **03** 交叉繞縫的皮繩下方。針由繞縫皮料邊緣的三條皮繩下方穿過。

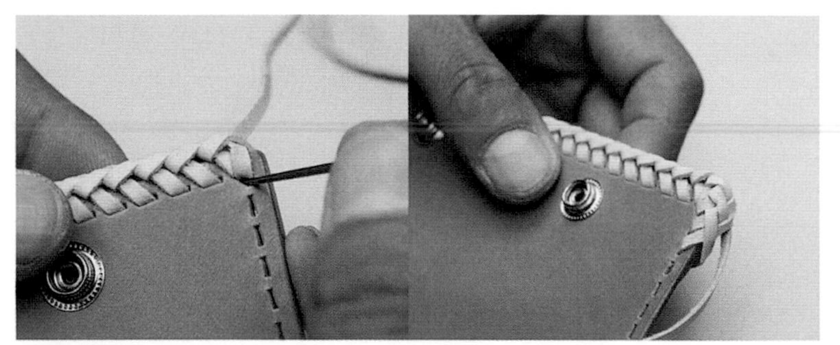

05 反覆步驟 03 和 04 以完成滾邊作業。滾邊至轉角後，在同一個縫孔繞縫三次。然後以每孔繞縫1次完成滾邊作業。

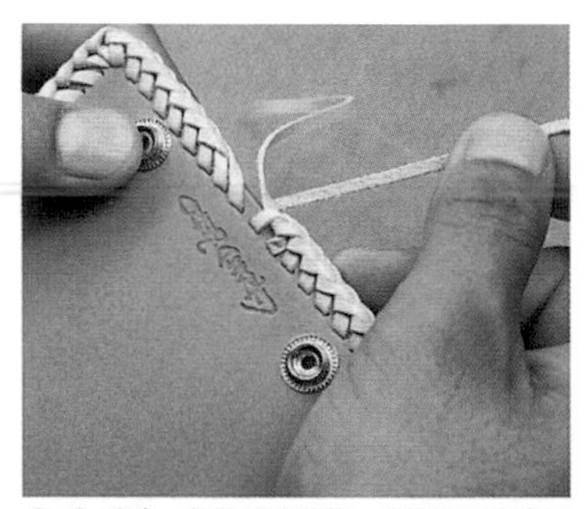

06 滾邊一整圈後的狀態。滾邊後固定皮繩端部。

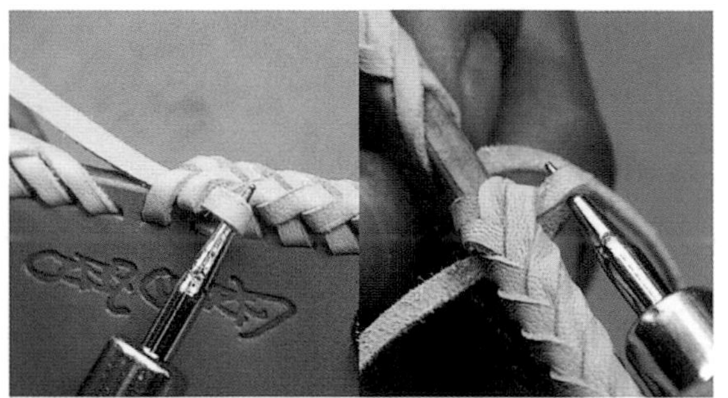

07 先由外側拉出滾邊起點的皮繩端部，再由內側拉出後就會空出一個孔洞。

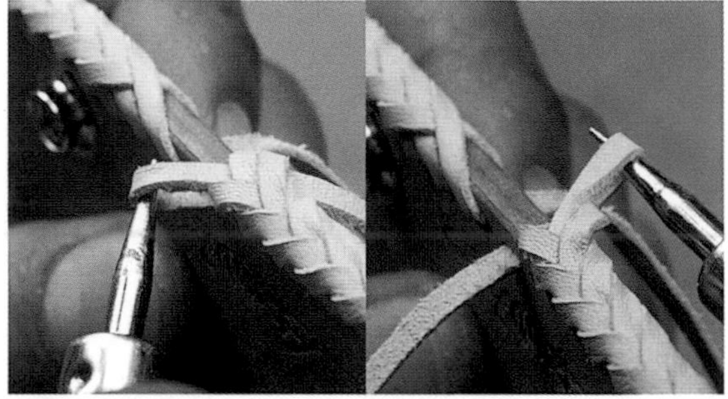

08 接著由外側和內側拉出皮繩，又空出一個孔洞。

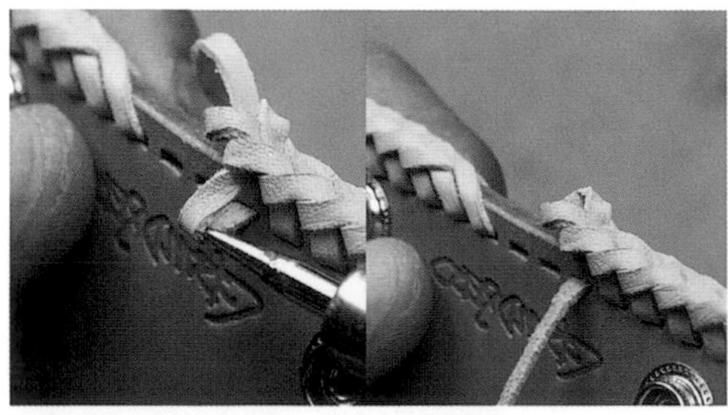

09 再次由外側拉出皮繩後，滾邊皮繩出現鬆環。

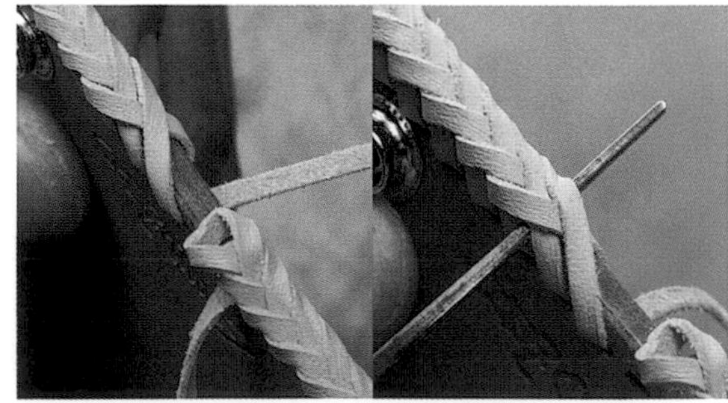

10 返回皮繩端部（插針處），以一般三繩滾邊完成後續作業。

POINT

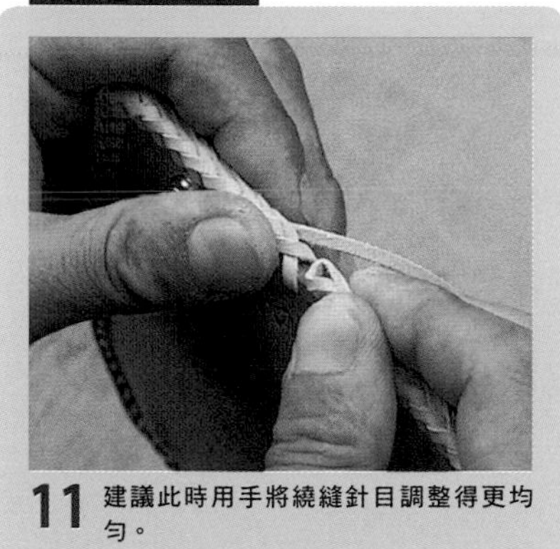

11 建議此時用手將繞縫針目調整得更均勻。

12 針由上往下穿過步驟 09 形成的鬆環，再由外側穿過孔洞。

13 針由下往上穿過鬆環後拉緊皮繩。

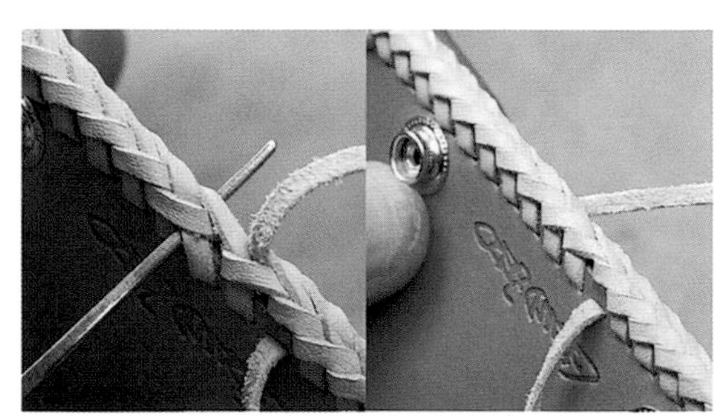

14 針由外側穿過交叉繞編的3條皮繩下方。

15 針由上往下穿過照片中的部位後拉緊皮繩。

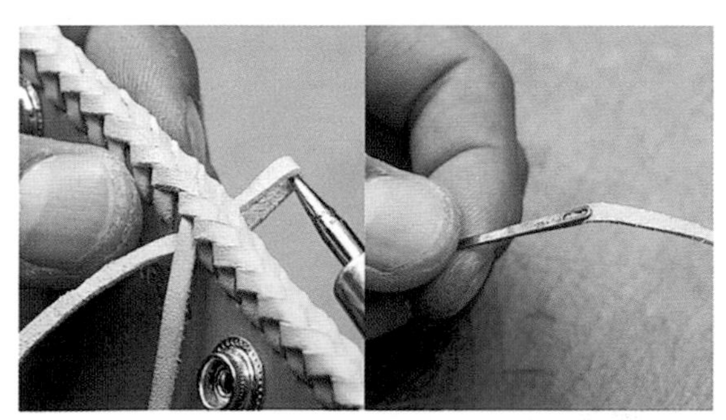

16 將穿向外側的皮繩端部拉向內側，再用針夾住皮繩端部。

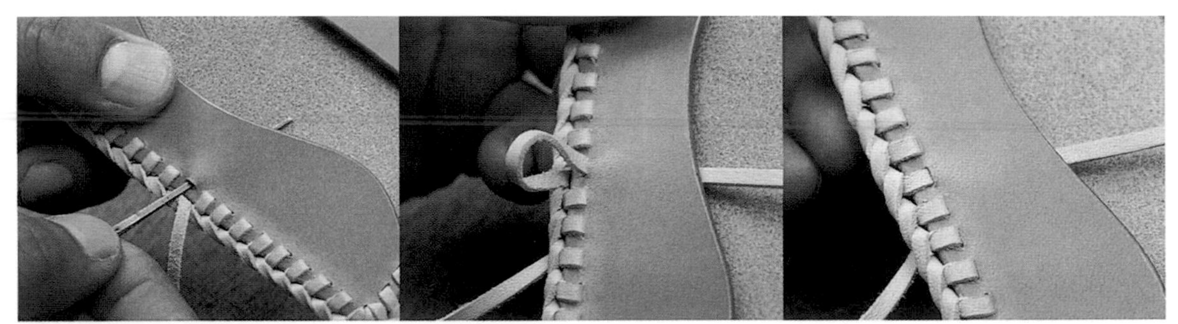

17 將步驟 16 穿針的皮繩端部穿過本體B的孔洞。將皮繩穿過本體A和本體B之間。

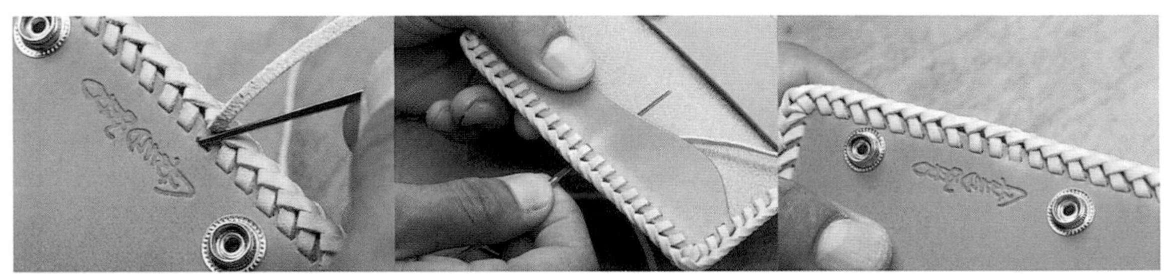

18 處理完成滾邊動作的皮繩端部，針只穿過本體A的孔洞。和步驟 17 一樣，將皮繩穿過本體A和本體B之間。

POINT

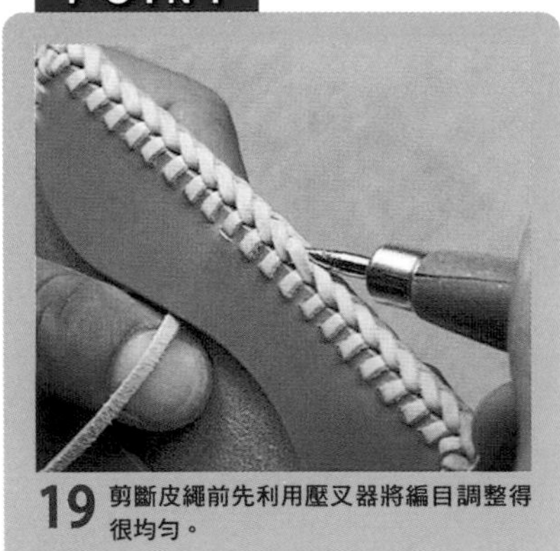

19 剪斷皮繩前先利用壓叉器將編目調整得很均勻。

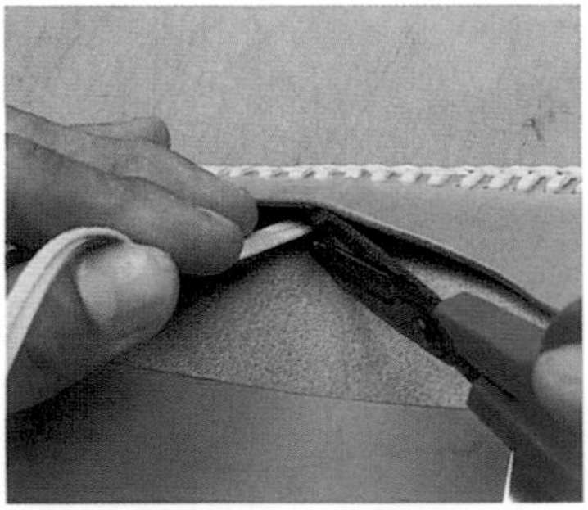

20 由本體A和本體B之間剪斷皮繩。

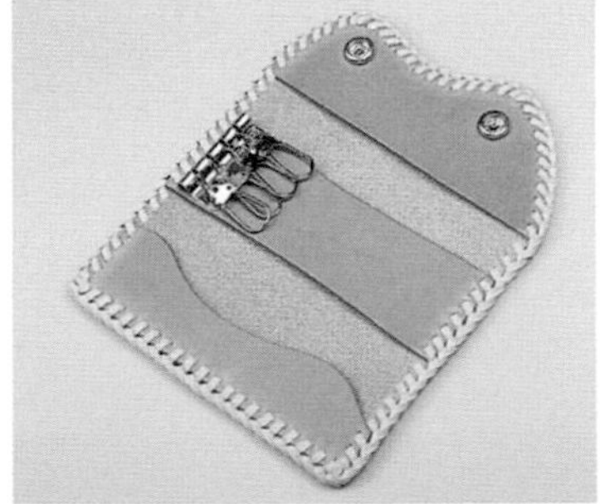

21 將皮繩穿過皮料之間後固定住即可巧妙地隱藏皮繩端部。

SPECIAL THANKS

勇於挑戰嶄新事物的精神，一一地反映在作品上。

藤倉 邦也

手縫革細工 GRAND ZERO負責人，總是以精湛技術和縝密思考創作出各式各樣的作品。

一肩挑起本書監修重任的「手縫革細工 GRAND ZERO」的負責人藤倉先生對於皮件製作非常執著，從裁切皮料到完成作品，堅持以純手工方式完成，創作時除設計造型外，還廣泛地考量到使用方便性或耐用度，希望作品能長久陪伴在使用者身旁。誠如本書中之介紹，藤倉先生的皮革編織造詣相當深厚，而且，直到如今都還孜孜不倦地吸收著相關知識或技術。旺盛的求知慾讓他不斷地創作出品質精良的作品，建立起顧客對他的信賴感。其次，在栃木皮革公司協助下製作出來的GRAND ZERO特殊皮革也是特色之一。

1 店裡展示著藤倉先生親手改造的機車。2 店面裝飾著本書無法完全介紹到繩類作品。3 以白色和茶色為基調的店面。

1 除以植鞣革製作硬挺有型的皮件作品外，也接受顧客訂製皮件。2 連飛鏢袋等構造非常複雜的作品都製作得讓顧客非常滿意。3 擅長麋鹿皮作品製作，總是將皮革原有風味淋漓盡致地運用在作品的造型設計上。4 不使用金屬配件，完全由皮料做成扣件後完成「零釦件」長夾，這是充滿藤倉創意構想的GRAND ZERO招牌商品。

SHOP INFO

手縫革細工 GRAND ZERO（工房・店面）
群馬縣館林市城町7-27
Tel & Fax 0276-73-5443
營業時間 12:00～21:00 休假 星期三
URL http://www.grandzero.com/

佐野店
栃木縣佐野市名越町2058
佐野PREMIUM OUTLETS內PUSHCART
營業時間 10:00～20:00 休假 全年無休

◎手作系列叢書

愛上皮革小物

18.2x21 cm　176 頁
定價 320 元　彩色

詳細的工具介紹：本書詳盡地介紹入門的工具與材料，讓初學者可以輕易上手、進階者可以參考不同工具的運用，適合所有的皮革工藝愛好者學習與參考。

完整的圖解說明：透過全彩圖解與詳細的步驟說明，讓各位讀者學會製作隨身包、萬用手冊皮套、鑰匙包、短皮夾等等的隨身小皮件，展現不同的個人風格。

手縫皮革文具

18.2x21 cm　176 頁
定價 320 元　彩色

風格獨特的手工文具：皮革製品、堅固耐用又兼具洗鍊的個性，加上一些巧思的設計，運用在文具上更能傳達個人獨特的風格。

完整詳細的圖解說明：每樣作品均有完整的全彩圖解與詳細的步驟說明，讓各位讀者按部就班製作出專屬的皮革文具。

手縫男仕皮革包

19×23cm　80 頁
定價 220 元　彩色

雖說款式不多，但教學非常詳細且紮實，皮革工藝的基礎知識介紹，佔了本書極大的篇幅，比如說製作皮革之前需備妥的工具，擁有順手好用的工具，能夠幫助提升作業效率與技術。以及皮革的種類介紹、購買與保存重點。

每款作品均搭配彩色實景圖片做詳細解說，從皮件處理、鑿孔方式、拉線的力道…鉅細靡遺。書末附有多款職人製作的皮革包圖鑑，讀者可藉由觀察與參考，增進自己品味。

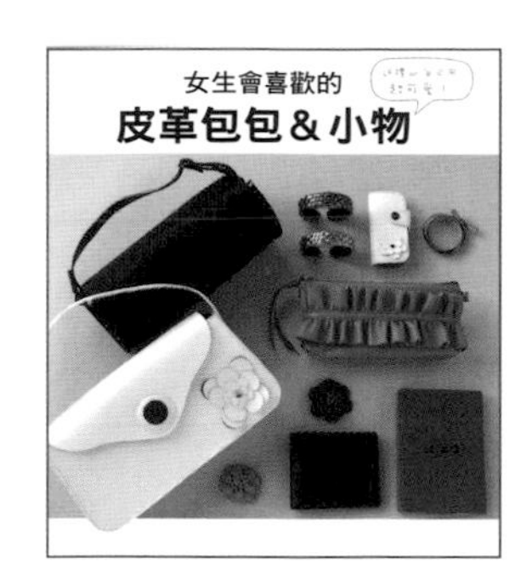

女生會喜歡的 皮革包包&小物

18.2x21 cm　192 頁
定價 350 元　彩色

一直以來，皮革製品都是流行品的代表之一。不論男女，誰都會想要擁有一個不敗的經典流行皮包，若是能夠親自用雙手作一個這世界上絕無僅有的皮革包，那這個皮包的價值鐵定能超越任何品牌。

請閱讀本書，熟悉皮革包＆隨身小物的製作技巧，並試著加上一些創意變化，即可使完成的作品更具獨特性與個人風格。

手縫皮革包 Lesson1,2

19x25.7cm　96 頁
定價 350 元　彩色

本書收錄各種人氣款式，從收納方便的大型肩背包，到帥氣有型的扁包，和留下皺褶紋路的雅致女用包，還有用零碎布塊就可以製作的可愛零錢包……一共有 37 款。

書中每款包包都有製作方法，並附有實物大紙型，以及基本道具的介紹，即使是不上手的初學者，只要依據書中等級選擇適合的作品，憑著耐性和細心，相信一定可以完成專屬於自己的皮革包！

皮革保養&修護

18.2x21cm　132 頁
定價 320 元　彩色

各種皮件的修護 & 保養：不同的皮件有不同的材質與特性，了解它們的區別、給予適當的修護與保養，能夠常保皮件的光澤，看起來更新、用起來更長久！

全彩照片的動作分解圖：用説的不清楚，照片解說最明白。由專業皮件達人出馬，分解動作教你一步步完成皮件保養與修護。輕輕鬆鬆，解決皮件保養與修繕問題。

TITLE

皮革編織飾帶&皮繩滾邊

STAFF

出版　三悅文化圖書事業有限公司
監修　藤倉邦也
譯者　林麗秀

總編輯　郭湘齡
責任編輯　林修敏
文字編輯　王瓊苹、黃雅琳
美術編輯　李宜靜
排版　二次方數位設計
製版　明宏彩色照相製版股份有限公司
印刷　皇甫彩藝印刷股份有限公司

代理發行　瑞昇文化事業股份有限公司
地址　新北市中和區景平路464巷2弄1-4號
電話　(02)2945-3191
傳真　(02)2945-3190
網址　www.rising-books.com.tw
e-Mail　resing@ms34.hinet.net

劃撥帳號　19598343
戶名　瑞昇文化事業股份有限公司

本版日期　2015年11月
定價　320元

國家圖書館出版品預行編目資料

皮革編織飾帶&皮繩滾邊 ／ 藤倉邦也作；
林麗秀譯.-- 初版. --
新北市：三悅文化圖書，2011.09
144面；18.2×21公分

ISBN 978-986-6180-68-2 (平裝)

1.皮革　2.裝飾品　3.手工藝

426.64　100018285

KAWA NO AMI TO KAGARI
SUPERVISED BY Kuniya Fujikura